U0101834

旁观者效应

Why we act
turning bystanders into
moral rebels

好人为什么冷眼旁观

[美]凯瑟琳·A.桑德森 著
（Catherine A. Sanderson）

张蔚 译

浙江人民出版社

图书在版编目（CIP）数据

旁观者效应 /（美）凯瑟琳·A. 桑德森著；张蔚
译.—杭州：浙江人民出版社，2023.8
ISBN 978-7-213-10582-1

Ⅰ.①旁…Ⅱ.①凯…②张…Ⅲ.①心理学－通俗
读物Ⅳ.①B84-49

中国版本图书馆CIP数据核字（2022）第068820号

浙 江 省 版 权 局
著作权合同登记章
图字：11-2022-119号

旁观者效应
PANGGUANZHE XIAOYING
[美]凯瑟琳·A. 桑德森 著 张 蔚 译

出版发行	浙江人民出版社（杭州市体育场路347号 邮编310006）
责任编辑	卓挺亚
责任校对	戴文英
封面设计	何家仪
电脑制版	书情文化
印　　刷	三河市中晟雅豪印务有限公司
开　　本	880毫米×1230毫米　1/32
印　　张	8
字　　数	177千字
版　　次	2023年8月第1版
印　　次	2023年8月第1次印刷
书　　号	ISBN 978-7-213-10582-1
定　　价	58.00元

如发现印装质量问题，影响阅读，请与市场部联系调换。
质量投诉电话：010-82069336

译者序

    这本书翻译之际，正值新型冠状病毒肆虐之时。在身体健康面临挑战的同时，心理健康也面临着挑战。很多个体化的情绪和心理偏差，在疫情期间，伴随着社会性的焦虑浮现出来。这种情况，反而让我在翻译此书时，能更加认真，并从不同的角度去思考疫情中的社会众生相——勇敢的、奉献的、普通的，抑或是沉默不语的，甚至是蔑视的画面。

    在这种明确的灾难性事件面前，处于巨大社会群体或者较小群体中的我们，为什么会存在行为差异呢？这无疑是社会心理学多年来一直探索的众多重要问题之一，但要完全弄清楚这个问题又谈何容易？影响个体行为的变量多如星辰，且会随着个体和周遭的变化而改变。虽然包括这本书在内的已有的著作都不能一言以蔽之，但这本书确实给了我一些新的感悟和思维的火花。翻译完这本书，那种"这会是一个值得每个人思考，值得感兴趣者去研究的话题"的想法，无疑比之前更加明确了。

    作为犯罪心理学方向的一个研究者，我一直将群体行为的动机以及心理作为重要的研究部分。恐怖组织、群体暴力、传销、邪教，甚至是青少年的群体违法活动，还有校园霸凌；这些都是我需要去关注的。大量社会心理学著作告诉我们，当我们处在群体中时，理智、克制、正义感可能都会随着我们对群体的趋同而离我们远去。在历史上的一些群体事件中就能看到这种现象，甚至在如今这个人口流动越来越快的时代，这些情况也时有发生。社会心理学家通过多年的研究已经为我们揭开了这些现象成因的一角。当然，这是从心理学的角度做出的审视。

抛开一些违法犯罪，或者暴力行为，其实稍加留心，你就会发现，个体的从众行为基本上每时每刻都发生在我们的日常生活中。从最基本的过马路闯红灯，到拥挤着上公共交通工具，再到工作或学习中小组讨论，甚至是我们日常生活中所做的选择，从众现象一直都有。但这些很少触发这本书中讨论的旁观者效应，因为在日常生活中很少涉及紧急或有受害者的情况。很多时候，我们只把这种从众理解为一种选择。但是在紧急情况下，或者违法犯罪的情况下的旁观者则不同，里面很可能涉及高帮助成本，以及利益的受损。这时候就会产生旁观者趋同。

趋同，被这本书的作者凯瑟琳·A.桑德森教授称为"人类自然的倾向"。这也是她想从不同的角度探究的核心——是什么导致了个体在群体中对紧急情况和违法犯罪或不道德行为无动于衷。

这本书不单单是从心理学的角度进行审视，伴随着科学的发展，作者亦从脑科学的角度，认真地对个体在群体中的心理和行为变化做了思考和研究，并发现我们的大脑在我们处于群体中且面临紧急情况时所发生的变化。脑区活跃程度的不同、对相关事件所展现出的电位[1]的不同，

1　事件相关电位是一种特殊的脑诱发电位。它反映了认知过程中大脑的神经电生理的变化，也被称为"认知电位"。也就是当人们对某课题进行认知加工时，从头颅表面记录到的脑电位。

都影响着我们当下的认知能力和判断能力，决定着我们对权威人士的意见与群体的意见趋同与否，进而在一定程度上影响着我们的行为。

作者以多年研究为基础，对旁观者趋同进行了多个维度的解释。难得的是，由于作者在写作的过程中引用和介绍了很多实验，还有一些场景的描述，所以对现象的解释看上去并不会特别学术化，其中有些实验和场景看上去甚至有点好笑。我在翻译的时候，也会不自觉地跟着一起笑。但就是这样的实验和场景，往往可以为读者呈现一幅明确的、易懂的画面，让这本书变得易读、易懂。可能看到这里的读者会问：如果是这样的话，那这本书就是一本浅显的、初级的科普读物了？

它并不是。在我翻译完这本书后，我感觉这本书是夹在科普和实用类手册之间的产物，是一个综合体。

书中存在着大量对"怎么做"这个问题的建议，这确实符合这本书的写作目的。就是要我们在了解的同时，也要懂得怎么去规避，或者怎么去改变——改变自己和周围的人。而且，有些实验和措施看起来真的不值一提，乍一看可能觉得并不会有什么显著的作用，但效果非常惊人。比如，在一些场所张贴海报，就可以根据海报的内容去影响个体的行为。所有这些都在告诉我们，改变旁观者，让更多的人敢于直言，敢于挺身而出，其实并不一定需要很大阵仗的计划，根据条件，完全可以从细微之处做起。

这不是作者所写的第一本这个领域的图书，但其中已经留了足够的篇幅去说明在各种场景中共情的重要性。这几年，随着各种出版物的出现和学者们的涌现，共情越来越被重视，很多时候甚至成为一个独立的裁判标准。共情的重要性不可否认，但是本书中并没有把它作为重中之重去阐述。我比较倾向于这个方式，就是多因素的并行不悖。在关注共情的同时，我们还应该关注个体的自尊水平、道德勇气、对他人看法的认知等，这些对于旁观者的态度转化来说，都非常重要。

同样需要关注的，还有我们始终绕不过的惧怕——对挺身而出所要承担的社会后果以及要付出的代价的惧怕。很多案例都在提醒我们，在一些情况下挺身而出，甚至可能会付出生命的代价，或者会引起那些旁观者对你的孤立、嫌弃和污名化，这是不得不去面对的问题。仅感到惧怕并不能获得任何帮助，惧怕会限制我们的行为、局限我们的认知、模糊我们的判断。我们需要做的，是努力营造一种不旁观的文化，这本书中会有一些方法。

与其他讲旁观者效应的社会心理学图书相比，我觉得这本书的不同之处就在于，它更多地涉及了在紧急情况下或者违法犯罪行为中的无所作为和趋同。杀人、性犯罪、财务诈骗、校园霸凌……很多时候，我们都觉得这种事情离我们很远，因为我们都是守法的好人。但是，犯罪就一定是我们认为的那些坏人做的吗？在一些情况下，我们的无动于衷也会促使犯罪行为的发生，也有很多人就是在这种旁观中跨出了违法犯罪的第一步。站在这本书所阐述的层面，这一点值得我们每个人去思考。

在翻译这本书的过程中，我要感谢我的家人和朋友给我的支持和帮助，以及对我长时间对着电脑一声不吭的理解。另外，在前后经历的几次校对中，机缘巧合下，我得到了庄韶婷的支持。她严谨、缜密地从一个读者的视角给出了宝贵的修改意见，让这本书在不失专业准确度的同时，更加贴近读者的阅读逻辑和风格，这是我不曾想到的。

希望在阅读这本书的同时，读者也可以轻松地理解旁观者的转变对我们周围现实世界的重要性，更好地对自己以及周围的人做出示范，更好地对抗不良的群体影响。无论你正处在人生的哪一个阶段——求学中、在职场拼搏中，抑或平稳的生活中，都可以减少霸凌、职场犯罪、歧视的发生，在成为道德先锋的路上，迈出重要的第一步。

张蔚　中国政法大学　犯罪心理学博士生

2022 年 11 月 1 日　于深圳

目　录

01

好人的沉默

如果——不管出于什么原因——好人朝着错误的方向迈出了一小步，那么这一小步就有可能在错误的方向上撕开一道口子，导致好人朝着错误的方向慢慢坠入深渊。

02　霸凌者与看热闹的人

减少霸凌最有效的手段可能并不是强调霸凌可能带来的不良后果，而是直面群体规范——让学生准确地了解同龄人对霸凌的态度。

第七章　在大学：减少不当性行为 _125

第八章　在职场：培养道德行为 _149

03 学会行动

尽管不作为似乎对人类有着强大的吸引力，但一些人终究还是会选择挺身而出进行干预。理解是什么让这些人挺身而出的，可以让我们对如何激活更多的旁观者、塑造更多的道德先锋，有更深入的认识。

前　言

　　2017 年 8 月 25 日，我和丈夫花了一整天的时间帮我们最大的孩子安德鲁安顿下来，他马上要开始他第一年的大学生活。我们去沃尔玛买了一个小冰箱和地毯，在他的床头贴上海报。当然，还参加了必不可少的家庭告别午餐。随后，我和丈夫驱车回到了我们的家—— 一个似乎比之前稍微安静了一点的家。

　　两周后，安德鲁打来了电话。这是一件很不寻常的事，因为他和大多数青少年一样，都沉迷于发短消息沟通。电话那头传来了安德鲁断断续续的声音，他悲伤地告诉我，他宿舍的一个同学刚刚离开了人世。

　　从他在电话中的描述可以判断，他们俩似乎有很多相似之处。比如，他们都是新生，都来自马萨诸塞州，都曾经就读于大学的预科学校。并且，他们都是做哥哥的人。

　　"发生了什么事？"我问。

　　安德鲁告诉我，那个同学周六出事前，一直在和其他同学喝酒。到了周六晚上 9 点左右，他喝多了，摔了一跤，磕到了头。他的朋友、室友和曲棍球队的队友们照顾了他好几个小时，担心他翻来覆去地呕吐，会被呕吐物卡死，还在他的肩膀处垫了一个背包，并且隔一段时间就要确定一次他是不是还在呼吸。

但是，他们遗漏了一件事，就是在这个同学摔倒磕到头之后的近20个小时内，没有人拨打911。

一直到周日下午4点左右，这群照顾他的人才决定打电话寻求帮助。但是，显然为时已晚，这名学生被送往医院，接上可以维持他生命的器械，仅仅是为了可以挺到他家人飞过来和他见最后一面。

现在回头去看，我们已经不太能确定所谓及时的医疗护理是否真的能挽救他的生命了。也许并不会，但可以很明显地看到，不及时求助，导致这个孩子错过了生的机会。而那些大学生在类似的严重或紧急的情况下无所作为的故事，其实并不罕见。

不作为的，不仅仅是大学生。为什么当一名男子被强行从联合航空公司的航班上拖下来的时候，大多数乘客都默不作声地坐着，而这种情况被录成视频之后又以非常快的速度传播开来呢？当我们周围有人进行谩骂或对他人进行骚扰时，是什么导致人们保持沉默呢？为什么有这么多的教会领袖多年来都对天主教牧师的性侵犯行为视若无睹？

在我整个职业生涯中——20世纪90年代，我是普林斯顿大学的研究生，在过去20年里，我是阿默斯特学院的教授——我的研究主要集中在社会规范所带来的影响上，这是塑造我们行为的一种不成文的规则。虽然说人们会遵循这些规则来适应他们的社会群体，但他们也可能在社会规范的理解上存在重大的偏差。我越是思考这些看似完全不同的人们未能采取行动的例子，就越认为这种行为是由同样的因素驱动的：对正在发生的事情的困惑、个人责任感的缺乏、对社会规范的误解，以及对后果的恐惧。

我通过自己的工作发现，教育人们了解社会规范的力量，指出我们在感知这些规范时经常犯的错误以及我们对社会规范的误解所带来的后果，会有助于人们采取更好的行动。我的一些研究表明，那些对校园社会规范如何导致不健康身体意象（Body Image）目标有所了解的新入学的大一女生，以后患有饮食紊乱的概率会更低。研究还表明，那些对现在普遍存在的、同龄人与心理健康问题斗争的情况有所了解的大学生，对心理健康服务有着更积极的看法。帮助人们理解导致他们误解周围人真实想法的心理过程（比如，相信所有女性都想变瘦。又如，其他大学生从来不会感到悲伤或孤独），减少了我们对他人做出的错误举动和误解，并能改善我们的心理和身体健康。更重要的是，它能推动我们采取行动。

1987 年，我在斯坦福大学读本科时第一次接触心理学，尤记得当我了解到处在一个群体中对我们个人的行为会产生多大影响时的那种着迷。更幸运的是，菲利普·津巴多（Philip George Zimbardo，他的斯坦福监狱实验至今仍然是心理学界最著名和最有争议的研究之一）成为我的教授，这简直就是对社会心理学领域一个再好不过的介绍了！

那时，研究人员可以设计实验并对人们的行为进行观察，但我们无法通过这些行为去解释它们出现的机制，因为我们看不到大脑里发生了什么。不过，近期神经科学研究上的突破已经完全改变了这一点。现在，我们有可能实时地看到某些情景、压力和经历在大脑中的作用过程。正如我将在本书中描述的那样，这些结果揭示了一个事实，就是许多不作为不是通过仔细思考后做出的决定，而是在大脑中自动产生的。

我写这本书的目的，是帮助人们理解在面对不良行为时保持沉默这一倾向背后的心理因素，并把沉默在不良行为持续的过程中发挥的重要作用呈现在人们面前。在本书的前半部分，我描述了情境和心理因素是如何导致好人做出不良行为的（第一章），或更常见的，在面对他人的不良行为时保持沉默（第二至五章）。接下来，我展示了这些因素是如何在不同的现实环境中抑制行为的，包括校园霸凌（第六章）、大学里的不当性行为（第七章）和工作场所中的不道德行为（第八章）。最后，我对那些更能为他人挺身而出的人是如何做到这一点进行了考察，并把我们能从这些道德先锋身上学到的东西做了梳理（第九章）。在最后一章（第十章），我对我们都可以使用的策略进行了探讨——不管我们的个性如何，来增加我们在那些最需要我们的时候直言不讳并采取行动的可能性。

我希望的是，让人们洞悉到那种阻碍我们行动的力量，并提供在我们自己的生活中抵抗这种压力的实用策略，这将让这本书的读者站出来做正确的事情，即使这么做可能会让我们觉得真的很难。最后，告诉你们一个打破旁观者沉默的秘密——确保"没有人会在严重受伤后必须等待 20 个小时才有人拿起电话（求救）"。

好人的沉默

01

第一章　怪物的神话

　　2012 年 8 月 11 日，一个 16 岁的女孩在俄亥俄州的斯托本维尔参加了一个聚会。参加聚会的还有一些当地高中的学生，这些学生中有学校足球队的队员。当天晚上，这个女孩喝了很多酒，醉得很厉害，并且吐了好几次。那天晚上，聚会上的学生形容这个女孩看起来"心不在焉，不在状态"。第二天早上，女孩在一个地下室的客厅里醒来，身边躺着三个男孩，但她几乎想不起来前一晚发生的任何事情。

　　在接下来的几天里，社交媒体上出现了一些由几名参加派对的学生发布的照片和视频。这些照片和视频让人们非常直观地了解了这个女孩的遭遇：她喝醉之后被扒光了衣服，并遭到了性侵犯。2013 年 3 月，两名斯特本维尔高中足球运动员特伦特·梅斯（Trent Mays）和马里特·里士满（Malik Richmond）被以强奸罪判刑。

　　听到这样的故事，我们中的大多数人可能都会认为这些坏事都是坏人做的。因为在大多数人的印象里，肯定只有坏人才会对一个昏迷的少女实施性侵犯。这种认为不良行为是由坏人做出的想法，可以让人们感到安心和欣慰，但不幸的是，这种认知可能是错误的。正如花了数年时间研究巴勒斯坦恐怖分子的纳斯拉·哈桑（Nasra Hassan）所说，"令人恐惧的不是实施自杀式袭击的人所表现出的异常，而是这群人看似完全正常"。或者引用苏珊·克莱伯德（Sue Klebold）

的话来解释也是可以的。她的儿子迪伦（Dylan）和他的同学埃里克·哈里斯（Eric Harris）于 1999 年在科罗拉多州的科伦拜恩高中杀死了十几个人。她说："这种认为迪伦是个恶魔的想法，其实代表着更深层次的意义，就是人们需要相信他们可以辨识出存在于人群中的邪恶。"

为什么我们会认为不良行为是坏人做出的？因为这种想法会让我们确信，我们认识的那些好人（我们的朋友、家人，甚至我们自己）是不可能做出这样的事情的。

但是，"好人"是可能也确实会做出不良行为的，比如从校园霸凌（bullying）到大学兄弟会的欺侮，再到工作场所的性骚扰等。因此，遏制不良行为不仅仅是辨识和阻止那些被认为是恶魔的人，更重要的是要找出导致好人做出错误选择的因素。这样，我们才能防止这种行为的发生——至少降低其发生的概率。本章对导致我们许多人做出一些我们知道在某种程度上是错误的事情的环境和情况进行了考察。当我们在一个群体中，一个可信任的权威人物指示我们这样做时，或者当我们开始朝错误的方向迈出一小步时，可能在我们意料之内的，会发现在这些环境和情况下，我们更倾向于做有害的事情。但是，这些倾向背后的原因可能并不是我们想的那样。

牧群的危害

作为普林斯顿大学的研究生，我有一份很棒的学校兼职工作：住在宿舍里，为初级和高级常驻辅导员提供支持。这份工作的内容包括：和学生在食堂一起进餐，促进宿舍的社交活动，帮助学生处理学术和个人的问题。但是，有一个比较严重的缺点就是，我被要求在每年一次的那个晚上举行的运动会上充当"支持者"。

我的角色其实就是穿着反光背心，拎着急救箱站在大学校园里，这样任何遇到麻烦的学生（如在结冰的地面上滑倒）都能找到我。每年每当我站在那里，热切地希望完成我的论文，离开普林斯顿大学时，我一直在想一个问题：这些学生都是美国最优秀、最聪明的学生，他们为什么要在冬天的夜里举办运动会呢？

但是，这件事情又说明了心理学的一个基本发现：人们会在群体环境中做他们独自一人时永远都不会做的事情。尽管举办运动会基本上是无害的，但这个原则也同样适用于人们做出恶劣行为的情况。在群体环境中出现不良行为的例子有很多：

· 在德国科隆举行的 2015—2016 年除夕庆祝活动中，大批男性对大约 1200 名女性实施了性侵犯。
· 2018 年 2 月，庆祝费城老鹰队赢得超级碗的球迷掀翻了汽车，把路灯杆从地里拔起来，放火，打碎商店的窗户。这些行为直接造成了 27.3 万美元的损失。

为什么人们在群体中会做出他们自己一个人时绝对不会去做的事情呢？一种解释是，群体中的人认为他们不需要对自己的行为负责，因为他们在群体中时是匿名的。如果人们戴着面具或头套，或者在黑暗中实施某种行为，即使他们不在一个群体中，他们攻击行为与侵犯行为的频率和严重程度也会更高。正如心理学家菲利普·津巴多发现的那样，被要求对另一个学生进行电击的大学生（认为他们正在参与一项关于创造力的研究），在戴着头套隐藏身份时比不戴头套时给对方施加电击的时间要长得多，也让对方更痛苦。

研究人员在实验室外也观察到了同样的现象。莱斯特大学的安德鲁·西尔克（Andrew Silke）对北爱尔兰的暴力行为进行了分析，他发现人们如果在实施暴力时进行了伪装，比如穿戴了面具、头套或其他遮盖面部的衣物等，就会出现更多的破坏行为，伤害更多的人，给受害者造成更严重的身体伤害。这有助于解释为什么网络霸凌和其他攻击行为在网上如此普遍，皆因为人们在网络上发帖是匿名的。

群体也可能助长人们做出不良行为，因为群体创造了所谓的"去个性化"（deindividuation），这意味着个体在群体中丧失了作为个体的自我意识。当人们与自己的道德标准脱钩，并且忘记自己的真实身份时（这种情况经常发生在群体中），对异常行为的正常约束就会消除。

群体越大，行为越差。宾夕法尼亚州立大学的安德鲁·里奇（Andrew Ritchey）和巴里·鲁巴克（Barry Ruback）通过分析实施私刑的暴徒（lynch mobs）的行为，对这种群体产生的影响进行了记录。通过对1882—1926年《亚特兰大宪法报》上关于佐治亚州实施私刑的暴徒的文章进行研究，他们在411起独立事件中确认了515名受害者。他们记录下了暴徒群体的规模、受害者的种族和性别，以及每起事件中发生的暴力数量。尽管所有的私刑都导致了受害者死亡，但他们将受害者被烧死、绞死和（或）殴打致死的私刑定义为暴力程度更严重的私刑。结果表明，实施私刑的暴徒群体规模与群体暴力程度预测之间存在着显著相关。

尽管群体环境可能会导致人们做出不良行为，不过要对环境如何影响个人行为有确切的了解却很困难。因为群体中的人们可能并不知道自己为什么会选择去做某事，所以也就不能准确地告诉研究者是什么驱使着他们做出这样或那样的行为。他们也可能为自己的行为找借口，让自己看起来更好或感觉更好。

然而，神经科学最近的突破为我们探索这种行为提供了重要的工具。使用神经影像学技术（neuroimaging techniques），研究人员可以在人们做某些事情时对其大脑不同部分的活动情况进行检测，这就意味着我们不再仅仅依赖人们对他们本身的行为动机所做出的解释。这意味着，我们现在可以对群体如何改变个体大脑的活动模式进行研究了。

麻省理工学院的研究人员进行了首次研究，以检验群体环境中个体的神经反应是否较弱。这次研究的灵感源于一位研究人员米娜·西卡拉（Mina Cikara）在研究生院时的经历。一天下午，西卡拉和她的丈夫决定去扬基体育场观看两个老对手——红袜队和扬基队之间的棒球比赛，她丈夫是戴着一顶红袜队的帽子去的。就因为这样，她丈夫在球场被扬基队的球迷无情地嘲笑。为了缓和这种情况，西卡拉就把帽子戴在了自己头上，因为她觉得扬基队的球迷并不会因为这个而嘲笑、辱骂一个女人。

结果证明她错了，她说："在我的一生中，从来没有人这样叫过我。"所以比赛结束后，西卡拉就下定决心要找出正常人（尽管他们是扬基队的球迷）在群体中会有如此糟糕的表现的原因。

西卡拉和她的同事设计了一项研究来对两个问题进行检验：当人们作为团队的一分子参与一项竞争任务时，他们会比单独行动时更少为自己考虑吗？在作为团队的一分子时，那些较少为自己考虑的人，在竞争中会对另一个团队的成员展现出更激进的情绪和行为吗？西卡拉和她的同事做了这样一种假设：群体内部的竞争可能会导致个体自我意识的下降，以及个体行为评估能力的缺失。

在研究的第一部分，研究人员使用了一台功能性磁共振成像（functional magnetic resonance imaging，fMRI）机器来测试参与者独自玩游戏时的大脑活动模式，然后又测试了一遍作为团队的一员玩游戏时的大脑活动模式；并在游戏中向参与者展示一些关于自己或他人的正面或负面的道德行为的文字，比如"我从共用冰箱里偷了食物"或"他总是在撞到人后道歉"。

研究人员把注意力集中在大脑的一个特殊部分——内侧前额叶皮层（medial prefrontal cortex，mPFC）上，当人们思考关于自己的问题（如自己的个性特征、身体特征或精神状态）的时候，大脑中的这部分就会比考虑别人时显得更加活跃（通俗地说，它"亮了起来"）。

西卡拉和她的同事发现，当人们独自玩游戏时，他们的内侧前额叶皮层在阅读关于自己的内容时会比阅读关于他人的陈述时要活跃得多。但是，当人们作为团队的一分子进行游戏时，大约一半的参与者在阅读关于自己的内容时，大脑内侧前额叶皮层所展现出的活动差异比阅读关于他人的内容时要小得多。这些发现告诉我们，有些人在群体中时会比独处时更少围绕着自己进行思考。

但对这些研究人员来说，关键的问题不仅仅是当个体作为团队的一分子参与竞争时，有些人是否会倾向于更少围绕着自己进行思考，而是这种自我反思思维的减少带来的后果是什么。于是，研究人员设计了另一项研究——向参与者展示关于他们自己团队和对方团队的六张照片，并要求参与者为每个成员选择一张照片，这张照片可能会被印在一份报告中发表。

这些照片都根据吸引力进行了独立评级——从非常不讨人喜欢到非常讨人喜欢。当作为团队一分子参与到研究中时，表现出较低自我反省思维的参与者——以较低的内侧前额叶皮层活动水平来进行衡量——倾向于选择对方团队中不太讨人喜欢的照片和自己团队中讨人喜欢的照片，而没有表现出较低自我反省思维的参与者则会选择两组同样讨人喜欢的照片。

研究人员得出结论：在群体环境中，较少围绕自己进行思考的人更有可能以伤害他人的方式行事。当人们在群体中直接参与竞争时，这种行为尤其明显，就像西卡拉在扬基体育场戴上她丈夫的红袜队帽子时所经历的那样。

"尽管人类在许多情况下都会表现出强烈的对公平和道德以及禁止伤害的偏好，"参与这项研究的研究人员之一丽贝卡·萨克斯（Rebecca Saxe）说，"但当存在'我们'和'他们'时，人们的优先级就发生了改变。"

只是服从命令

耶鲁大学的斯坦利·米尔格拉姆（Stanley Milgram）所做的证明好人也可能出现有害行为的研究是这个领域最早，也是最著名的研究。米尔格拉姆感兴趣的点在于，如果权威人士下达了这类命令，人们是否会做出给他人带来痛苦的行为。于是，他专门设计了这项实验，希望能理解那些对纳粹大屠杀命令表示服从的人的心理，因为当时有数百万无辜的受害者是死于那些声称自己只是服从命令的人之手的。米尔格拉姆曾经写道："服从，作为行为的决定性因素，与我们的时代息息相关。人们建造了毒气室，对那些死亡集中营实施森严的守卫，规定每天要杀死几个人……这些不人道的政策可能就源于一个人的头脑，但只有在有非常多的人服从命令的情况下，才能大规模地被实施。"

在这项研究所包含的一系列实验中，米尔格拉姆把实验参与者带到他在耶鲁的实验室，让他们参与所谓的记忆和学习研究（他最初的研究是由 40 个男性完成的，后来进行了改变，加入了女性）。当参与者到达实验室之后，都会受到一个被认为是实验者的接待，然后实验者会将他介绍给另一位参与者，让他们互相认识，这个参与者实际上是研究人员安排的实验助手。实验者会向参与者解释实验，说明该实验是一项关于"体罚对于学习行为的效用"的实验。

参与者被告知实验中一个人将充当"老师"，另一个人则将充当"学习者"。但米尔格拉姆对角色的分配进行了控制，使得实验参与者始终充当老师，而实验助手始终充当学习者。学习者会先拿到一系列成对的单词，经过记忆之后，单词会被收走。紧接着，老师会给学习者看其中一个单词，并要求他从四个选项中选出对应的另一个单词。老师可以和学习者交流，却互相看不到对方。老师被告知如果学习者给出了错误的答案，就需要对学习者实施电击。根据安排好的实验流程，实验者会试图判断电击对学习者是否有帮助。（事实上，学习者并没有受到任何电击。）

老师被告知，对学习者的电击应该从最低的电压水平（15伏）开始，并在学习者每次犯错后增加电压。

在每个电击级别，学习者都会以预先设定好的标准方式对不真实的电击行为做出反应：在75伏的电压下，学习者要开始痛得大叫；在150伏的电压下，学习者会要求退出实验，并且对老师说自己的心脏不舒服。如果老师表现出犹豫或困惑，转向实验者询问是否可以停下电击时，老师会收到四种提示继续电击的指令——"请继续""实验要求你继续""有必要继续"或"除了继续别无选择"。实验者会一直给出这些提示，直到老师自己拒绝实施电击或电压已经达到最高水平（450伏，标记为"×××危险"）为止。

令米尔格拉姆感到非常惊讶的是，大多数（约65%）研究参与者，都很乐意给一个无辜的学习者施予最大限度的电击。许多人对这种极高的服从率感到非常沮丧，其中也包括实验前米尔格拉姆咨询过的精神病学家，这位精神病学家预测大约只有1%的参与者会坚持服从实验者的命令到最后。米尔格拉姆的研究虽然是在50多年前进行的，但是最近在波兰和美国进行的类似实验也出现了同样高的服从率。

当我们听从权威人士的指示时，我们伤害他人的意愿也已经在那些模拟现实环境进行的实验室实验中显现。在一项研究中，研究人员要求参与者向一个假扮的求职者阅读各种测试问题。这个求职者实际上是由实验助手扮演的，而且都是同一个人，形象也相同——一个大约 30 岁、衣冠楚楚的男人。研究人员告诉参与者，他们对求职者在压力下的反应非常感兴趣，所以希望他们可以说一些具有更强攻击性的话来骚扰求职者。比如，"如果继续像这样下去，你会一事无成"和"这份工作对你来说太难了"等。随着"面试"的深入，求职者会恳求参与者停止说这些具有攻击性的话，然后试图反驳，并表现得很紧张，最终绝望地停止回答问题。在控制条件下，并没有权威人士敦促参与者继续对求职者进行骚扰。结果，没有一个参与者顺利地说完 15 句对求职者进行骚扰的话。但是，当实验者催促参与者继续时，92% 的参与者把列表上所有骚扰的语句都说完了。

那我们要如何解释这种服从权威人士命令的倾向呢，即使这种服从意味着要伤害一个无辜的人？这种服从倾向的一个核心因素，其实是行为人认为权威人士愿意为行为造成的任何负面结果承担责任，这使得从事不良行为的人感到自己是无过错的，或者是可以被免除处罚的。从虐待伊拉克阿布格莱布监狱的囚犯的美国士兵到参与企业欺诈的企业高管，以此为基础寻求原谅或免于处罚的情况在我们的现实世界里屡见不鲜。

实验研究表明，那些本身对有害行为就少有责任感的人更愿意这样做。在米尔格拉姆研究的复制实验中，参与者被要求对可能造成的伤害承担更多的责任，他们被明确地告知要对学习者的健康负责。在这种情况下，参与者很早就停止了对学习者的电击。研究人员发现，对伤害他人行为负有更大责任的人，同样能更好地抵制来自权威人士的明确指示。有人详细分析了最近一次针对米尔格拉姆研究进行的复制实验中的参与者所说的话，结果显示，那些明确表示会为自己的行为负责的人，更有可能抵制实验者的命令，并停止对学习者进行电击。

这些发现只揭示了一个结果，即缺乏责任感会增加人们因从众而做出有害行为的倾向。至于这个结果背后的成因，研究人员并没有说明。人们会把行为归咎于权威人士的指示，以避免直面自己的行为所造成的后果吗？就像在纽伦堡审判中，纳粹被告把自己的行为归咎于"只是服从命令"那样？还是说，遵循命令的行为实际上改变了我们在神经层面处理自己行为的方式呢？

伦敦大学学院的认知神经学家帕特里克·哈格德（Patrick Haggard）和他的同事设计了一项研究，对这个问题进行了精准测试。他们招募了一批学生参与该研究，旨在考察当被告知需要做出指定的行为时，人们是如何相互交流的，以及他们是如何经历这个过程的。参与者被分成两个人一组，并被要求给他们的搭档施加"痛苦但可以忍受的"电击。在一种情况下，参与者被告知他们可以选择是否给他们的搭档施加电击，如果选择施加，他们就会得到一些额外的报酬。在另一种情况下，实验者则会直接命令参与者施加电击。

研究人员用脑电图（electroencephalography）监测参与者的大脑活动，这样做可以让研究人员检测到神经科学家称为"事件相关电位"（event-related potentials）的东西。这是一种大脑响应不同的感觉、运动或认知事件（如看到一张脸的照片或经历一次惊喜）而产生的非常小的电压。自由选择实施某种行为的人通常比那些被指示实施行为的人表现出更大的事件相关电位振幅，这意味着更强烈的脑电波、更剧烈的活动和更强烈的体验。研究人员感兴趣的，实际上是那些没有被命令却自主选择实施电击的人是否会比那些服从命令实施电击的人表现出更大的事件相关电位振幅。

首先，研究人员确定了那些出于自主意愿（未被命令状态下）进行电击的人（87%）比那些被命令这样做的人（35%）更有责任感。然后，当研究人员查看脑电描记数据时，发现那些自愿实施电击的人确实比被命令实施电击的人有更大的事件相关电位振幅。这个数据结果告诉我们什么？似乎那些被告知或被强迫做一些可能对另一个人有害的事情的人——那些"只是服从命令"的人，比那些在自主意愿下做出有害行为的个体对自己所实施行为产生的综合认知体验要弱很多。

较低水平的大脑反应告诉我们，如果你被命令去做一件事，那么从神经学的角度来看，它似乎没有你自愿去做同样一件事来得有意义。这就使得人们觉得自己其实可以不用那么认真地为自己的行为负责，从而更容易做出不良行为。另外，大脑的反应还告诉我们，"只是服从命令"的狡辩之词可能不仅仅是人们用来使自己之前的行为得到他人原谅的一种策略。当一个人在权威人士的明确指示下伤害其他人时，其行为在个体大脑中的处理模式可能确实与在自主状态下不同。

认同的问题

当做错事的证据摆在我们面前时，把责任推卸给别人是我们身上的一种本能表现。毕竟，如果不是你的错，你还可以试图说服自己——这件事可能是其他人做的，你本质上确实是个好人。我们刚刚了解到，来自神经科学的一些数据表明，服从命令的人不像那些自发行动的人，会对自己的行为产生强烈的感知。心理学家发现，人们有时候会认同那些发号施令的人。在这种情况下，他们就很有可能自愿做出不良行为，这种情况尤其会在那些具有魅力的宗教或政治领袖身上得到体现。

圣安德鲁斯大学和埃克塞特大学的研究人员进行了一项研究，试图对"认同一个发号施令的人会如何影响人们的行为"这一命题进行评估。研究人员招募了一些参与者来阅读米尔格拉姆研究及该研究的衍生研究的资料，并让他们对自己所认为的这些研究中的参与者会在多大程度上认同实验者（发出命令的人）或学习者（接受电击的人）进行评估。来自两所大学的研究人员特意选择了一组专家（已经熟悉米尔格拉姆研究的学术心理学家）和一组非专家（学习心理学入门课程但还没有了解该研究的学生），以防止他们给出的评估结果不同（最终，两组的结果是相同的）。他们要求两组人员阅读最原始版本的米尔格拉姆研究资料，紧接着是多年来米尔格拉姆进行的15种该研究的衍生研究资料，这些衍生研究都在实验流程上做了一些细微但重要的改变。比如，在其中一个实验中，实验者是通过电话而不是面对面亲自传达电击指令的。或者在另一个实验中，实验不是在著名的耶鲁大学进行，而是在康涅狄格州布里奇波特的一座办公楼里进行的。

参加实验的心理学家和学生被要求评估他们所认为的，每种衍生研究中的变化将如何影响参与者对实验者作为科学家和他所代表的科学界的认同，或者对学习者和他所代表的更广泛的社区认同。研究人员随后检查了这些对参与者在不同衍生研究中的身份的评估是否与参与者服从或抵制命令的意愿相关。

认同影响服从吗？简单地说，是的。这种参与者对实验者认同的变化——认为他们的行为对追求科学知识做出了有价值的贡献，使得参与者遵循实验者的命令，在更长的时间内对学习者实施电击。在其中的一个衍生研究中，学习者在整个电击实验过程中，从未口头表达过自己的不满，只是不断地敲打墙壁以示抗议。在另一个实验中，加入了第二个实验者，并对参与者下达命令，试图加快电击实验的进程。

有一个在研究实验中进行的改动，也被证实会导致参与者更早出现对实验者命令的抵制，或出现更强烈的抵制。这个改动就是在研究实验的过程中，加入其他人，对学习者的遭遇表示同情。在其中一个衍生研究中，实验者加入了另外两位伪装的参与者（实际上是实验助手扮演的），让他们拒绝继续对学习者进行电击。在另一个衍生研究的实验中，有两名实验者对于参与者是否应该继续对学习者进行电击产生了争论。

这些研究发现告诉我们，当人们服从命令时，就有可能做出有害的行为。这不仅仅是因为人们觉得自己不用为此承担什么责任，还因为做出这些行为的人会慢慢相信自己的行为是有价值的。

这种另类的解释，让我们对那些使纳粹政策展现出毁灭性效果的因素有了一些洞察。人们并不是简单地吝啬自己的善意或是麻木地服从命令，在许多情况下，他们其实是接受了当时法西斯主义所营造出的那种更广阔的社会视野和使命感。他们认同希特勒所阐述的危机，"拥抱"他对局外人的仇恨。

为什么有些人会做出不好的行为，而另一些人不会有这个问题？其核心并不是在探究这些人是好人还是坏人，情境因素和自我认同在此产生的影响比我们想象的要重要得多。

犹豫不决的痛苦

正如我们所看到的，在米尔格拉姆最原始版本的研究实验中，大多数参与者都会继续跟随实验者的指示，给无辜的人施加他们认为越来越痛苦的电击。但是，这项研究中有一个因素是经常被忽略的：对于参与者来说，做出继续服从权威的选择可能并不容易。研究实验的录像显示，许多参与者对他们正在做的事情感到痛苦，即使他们继续对学习者进行电击。米尔格拉姆对其中一名陷入困境的参与者做了以下描述："我观察到一名成熟的商人最初是泰然自若地、自信地带着微笑走进实验室的，但是不到 20 分钟，他就变成了一个浑身抽搐、口吃的'废人'，他正迅速接近神经崩溃的边缘。他不停地拉着自己的耳垂，揉搓着双手，甚至一度把拳头抵在自己的额头上，喃喃自语道：'哦，上帝，让我们停下来吧。'"这个人像其他大多数参与者一样，一直对学习者实施电击，持续到 450 伏电压的水平，但他并不是一个快乐的、盲目服从权威的"怪物"。

米尔格拉姆研究的参与者似乎陷入了一个不寻常的两难境地：一方面，他们已经同意参与一项被认为是旨在推动科学目标发展的研究中，并且他们信任发出命令的实验者；但另一方面，当电击程度升级，他们已经很明显地认识到自己实施的不再是"轻度惩罚"时，又发现很难说服自己停止所实施的行为。

大多数参与者在实验过程的某个时刻都曾试图反抗过。他们会转向实验者，询问实验者接下来应该做什么。实际上，他们是在推动实验者不断地对参与者进行检查。他们当中的许多人甚至会在某个时刻向实验者表达说："我退出。"但实际情况是，这些在某个时刻说想退出的参与者依旧在继续实施电击。让大多数参与者感到困难的，实际上是坚持他们自己的直觉并起身离开实验室。换句话说，这些参与者想做正确的事情，并且还会经常反复尝试往正确的方向修正自己的行为，但是并没有把这种尝试坚持下去。

那么，什么人可以成功地对抗权威人士呢？米尔格拉姆之前简单地将人们分为"从众"和"不从众"两类，但是最近对研究录音的分析揭示了更多的细微差别——这两个群体中的许多人都曾以某种形式抵制过实验者的命令。比如，一些人不愿继续实施电击，一些人表达了对学习者造成伤害的担忧，还有一些人则试图停止实验。在那些拒绝让学习者遭受最大痛苦的电击的"不听话"的参与者中，有98%的人试图在研究实验的早期就停止参与，他们会说"我不能再这样做了"或"我不会再这样做了"。而在那些"听话"的参与者——那些持续对学习者实施电击直到研究实验结束的人中，也有19%的人确切地表达过某种形式的直接拒绝。

那些最终不服从实验者指令的人确实在以不同的方式这样做着，那些呼吁采取多种策略试图反击的参与者会更早地对权威进行挑战，也更有可能退出实验。这就告诉我们，那些人想做正确的事但通常又没有做，其中一个原因可能是缺乏正确的技巧和策略。

我将会在本书中穿插介绍一些应对的工具和策略，当你发现自己产生了"我不能再这样做了"或者"我不会再这样做了"的想法时，它们会帮助你将这个想法坚持到底。

逐步升级

我们被敦促去做一些我们明知是错误的事，我们没有拒绝，并依旧去做了，其中的一个原因，可能是当下的情况在一点点、一步步地变得极端。有时，我们每走一小步都会感觉到错误，但这个错误相对来说又不是那么严重，这就使得我们很难去决定彻底不做这件事情。然后，当这一行为所带来的伤害逐渐升级，在缺乏事前预案准备的情况下，我们再想改变事态的发展就变得很困难了。这种被称为"逐步升级"（gradual escalation）的现象，使得我们很难在整个事态发展过程的早期就认识到其中存在的问题并从中解脱出来。伯尼·麦道夫（Bernie Madoff）就是一个很好的例子，他是一个通过大规模庞氏骗局诈骗人们数百万美元的金融家。在解释自己如何走上这条路的时候，他曾说道："嗯，你其实是知道会发生什么的。开始的时候，你只会花一点点钱，也许是几百或几千美元，这会给你带来巨大的舒适感。

然后，在你意识到之前，它就会滚雪球般变成一个巨大的东西。"其他类型的不良行为（从学术欺诈到兄弟会欺侮，再到性骚扰）都经常以完全相同的方式发生着。

实证研究表明，小的违法行为会使人陷入困境。行为人如果侥幸逃脱了对其轻微违法行为的制裁，就更有可能犯下更大、更严重的罪行。一旦做了一件小的但是错误的事情，你就需要证明这样做是正确的，同时又要保持对自己的积极看法（就像我们都喜欢做的那样）。你很可能会为了达到我们前面所说的目的，就把这种轻微的违法行为解释为"没什么大不了的"，但是这种转变会使得你以后更容易宽恕那些相较更严重的违法行为。

为了测试做出不诚实的轻微行为是否会让人们更有可能在以后做出不诚实的严重行为，研究人员进行了一项研究，要求大学生在三个独立的测试中解答一系列数学问题。研究人员将参与的大学生随机分配到3个支付组中。

第一组：在三次测试中，学生每答对一个问题便可获得2.5美元。

第二组：学生在前两次测试中不会得到任何回报，但是在第三次测试中，每给出一个正确答案可以得到2.5美元。

第三组：学生被告知在第一次测试中，每给出一个正确答案可以获得25美分；在第二次测试中，每给出一个正确答案可以获得1美元；在第三次测试中，每给出一个正确答案可以获得2.5美元。

每次测试后，参与者都会收到答卷，并被告知需要对自己的答题结果进行检查，并从信封中取走他们答题应得的对应收益。在参与者不知情的情况下，研究人员随后会对参与者拿走的金额进行检查，看看参与者拿走的是不是自己应该得到的金额总数。

你能猜到发生了什么吗？因为第三组的奖励是逐步增加的，所以这一组出现的作弊情况最多——是第一组和第二组之和的两倍。对于第三组的人来说，最初测试中所撒的谎是微不足道的——他们只因为说谎得到了25美分，所以这看起来没什么大不了的。但是，一旦他们在第一次测试中撒了谎，在随后的测试中继续撒谎对他们来说就变得更容易，因为这样做所带来的回报显然更多。

企业欺诈案件通常也会以类似的方式开始，小的不道德行为会导致其做出更严重的犯罪行为。被判犯有会计欺诈罪的高管经常描述导致欺诈的一系列步骤，却经常记不起自己的不良行为是何时开始的。兄弟会的入会程序也经常遵循这种需求逐步升级的模式来制定：刚开始的时候是一些很小的任务，比如跑个腿儿或者帮某人洗个车之类的；然后，任务所涉及的行为的严重程度慢慢加深，比如强迫饮酒，甚至对某人实施殴打等。

所以，我们已经看到，参与那些轻微的违法行为会让人们变得更容易从事严重的违法行为。一种解释是，因为在这个发展的过程中，人们会慢慢试着为自己的行为进行辩护。但另一种解释是，人们最开始做出不良行为时，会经历不愉快的生理唤醒（physiological arousal）——人们确实认识到这是错误的，但随着时间的推移，这种不愉快的生理唤醒反而被人们适应了，也就没有这种反应了。为了支持这一理论，很多人做了研究。结果表明，人们在反复看到负面图像（暴力、死亡、愤怒等）后，杏仁核（amygdala，处理情绪等的一部分脑部组织）的激活程度会呈现出一个较低的水平。

伦敦大学学院和杜克大学的研究人员想测试一下对轻微不诚实行为的参与是否会导致大脑活动减少。他们使用功能性磁共振成像仪对参与者的大脑进行监控，同时让参与者与一个搭档（实际上是由一个实验助手扮演的）一起完成一系列评估任务，其中就包括一个猜罐子里装了多少钱的任务。在这个任务中，参与者与其伙伴被告知，如果猜对了罐子里所装的钱有多少，他们就会得到最大的奖励。在另一个任务中，参与者与其伙伴被告知，如果参与者撒谎，故意高估或低估钱数，那么参与者会得到最大的回报，而他的伙伴则会得到比较少的钱。这个实验设计，可以让研究人员观察人们在故意提供不准确的估计时大脑的反应。

在实验刚开始的时候，参与者会故意提供一个不准确的预估数字。这个时候，杏仁核的反应强烈，这说明这个人意识到自己在说谎，并为此感到难过。但是，随着时间的推移，并且经过反复试验，杏仁核的活动水平开始大幅下降，这说明神经反应减弱了。这个实验告诉我们，说一些我们认为微不足道的谎言似乎会降低我们大脑对消极情绪的敏感程度，这种情绪通常出现在我们做了明知是错的事情的时候——而这反过来又会让我们在未来更容易做出不好的行为。另外，研究人员还发现，在单次试验中，杏仁核的活动水平下降的幅度越大，这个人在随后的试验中撒谎的可能性就越大，并且撒谎的程度也会随之变得越严重。

虽然这项研究只检查了大脑对重复说谎行为的反应，但其发现（重复的说谎行为会导致神经反应减弱）恰好明确了杏仁核在这个过程中的变化：杏仁核最初会对我们明知是错误的行为做出非常强烈的反应，但这种反应会随着不良行为的重复而减弱。该研究的一位设计者解释道："当我们为了个人利益撒谎时，我们的杏仁核会产生一种消极的感觉，这种感觉限制了我们准备撒谎的程度。但是，随着我们说谎次数的增加，杏仁核的这种反应会逐渐消失。而且单次下降越多，我们所说的谎言就会变得越大。这可能会导致我们称为'滑坡'或'崩塌'的现象出现，就是轻微的不诚实行为会升级为严重的谎言。"

在我们的印象中，好人通常是不会做出不好的行为的，而这项研究却表明，如果——不管出于什么原因——好人朝着错误的方向迈出了一小步，那么这一小步就有可能在错误的方向上撕开一道口子，导致好人朝着错误的方向慢慢坠入深渊。

这一发现有助于解释在米尔格拉姆研究中出现的非常高的服从率。在研究实验开始的时候，参与者需要实施的只是电压非常低的电击，这就使得大多数参与者其实在实验初期对服从实验者的命令这件事感觉还好。并且，在参与者真正意识到实验过程中电击的电压会不断变高之前，他们已经这么做了很多次。从 15 伏电压开始，然后 30 伏，紧接着 45 伏，所有这些看起来都没什么大不了的。而且，他们认为自己这样做是为了科学，是在帮助那些受人尊敬的教授确定惩罚和学习之间的关系。但是，后期电击强度的不断增加，就意味着参与者很难去证明之后所做的停止电击的决定是正确的。当他们继续电击时，他们的生理和神经反应会减弱。大多数参与者都不太愿意马上就按下那个被标记为"×××危险"的 450 伏电击的按钮，即使这个电击的命令是由受人尊敬的权威人士发布的。但是，问题也随之而来：如果100伏的电击是参与者可以接受的，那么为什么115伏的电击就不行呢？你又是如何决定何时停止这种行为的呢？

好消息依旧是存在的——有些人确实是打定了停止这种行为的主意的。如果能够弄清楚是什么使这部分人可以抵抗这种来自权威的命令，我们就可以有一个新的视角去帮助人们抵抗各种社会压力。

对实验音频的翻查，揭示了一些造成参与者不服从实验者命令的原因。研究人员从录音中发现了一个事实，就是一个人越早开始大声地质疑命令，他就越有可能最终违抗命令。那些质疑命令的人都敏锐地察觉到，实验者命令他们做的事情很难被合理化。

在米尔格拉姆研究的所有存在变化的衍生研究中，停止服从实验者命令的参与者都是在电击电压达到150伏的时候停止的。那么，这个电压水平有什么独特之处呢？这个电压水平其实是受到电击的学习者第一次提出希望可以结束这种痛苦的节点。这时，参与者与被电击的学习者之间的动态交互作用也改变了。那些不服从实验者命令的人显然是优先考虑了受害者提出的不想继续实验的愿望，而不是实验者的指示。

在米尔格拉姆研究中挑战权威的参与者都是普通人，他们选择对自己被要求做的事情进行一番反复、深入、细致的思考——这种深思熟虑让他们无视环境压力，并最终选择不服从。那么，这部分挑战权威的参与者和其他参与者到底有什么不同呢？我们又能从他们身上学到什么呢？

读懂沉默和不作为

到目前为止，我都一直在关注各种好人做坏事的案例，以及促成好人做出这些行为的情境因素。对这些因素的理解很重要：一方面，它提醒着我们，我们任何人都可能受到这些因素的影响；另一方面，这些因素本身又可以帮助我们研究出一些方法来抵抗这种影响的侵蚀。例如，研究人员发现，那些质疑权威人士命令的人，或可以抵抗住压力不做出稍微不诚实行为的人，不太可能成为这些因素影响下的牺牲品。

我在这一章的开头描述的两个高中男生对一个十几岁的女孩实施性侵犯的案子，其实还有一些更具体的情况。那天晚上，并非只有那两个被判有罪的学生有不良行为，那个女孩在完全没有反应的情况下，被两名学生抓住手腕和脚踝，然后另外几个学生给她拍照。这时候，这个女孩是全身赤裸的，并且显然不省人事。这些学生互相分享着这些图片，甚至将照片发布到自己的推特（Twitter）、脸书（Facebook）和油管（YouTube）上。没有一个学生试图通过干预来阻止这些侵犯行为的发生，让女孩脱离这个不安全的环境，或者拨打911来帮助她。

不可否认，那两个对女孩实施强奸的学生做了可怕的事情，但在这个案件中同样可以清晰地看到，许多人其实是有能力以某种方式对当晚的事情进行干预的，他们却选择了不这样做。在某种程度上，是他们的不作为让侵犯得以发生。

不幸的是，之前和现在的例子都表明，很少有人能克服阻止行为继续时所产生的那种压力，即使是在一些明显不太好的事情正在发生的情况下。一本讨论私刑遗存的书的作者雪莉琳·伊菲尔（Sherrilyn Ifill）提醒我们，在美国，对非裔美国人的私刑经常会在公共的街区发生，有时会有上百人甚至上千人围观。当然，不是所有的围观群众都在起哄、欢呼，其中也存在一些对此感到害怕的人，但很少有人试图对此进行干预。

少数人做出的不良行为被大多数人忽视或忽略的例子在任何时候似乎都一样普遍。在宾夕法尼亚州立大学的一次兄弟会捉弄事件后，当一名 19 岁的学生从楼梯上摔下来时，为什么周围那么多人无人拨打 911 求助？为什么这么多人——从密歇根州立大学的教练和管理人员到美国体操协会的官员，都没有对拉里·纳萨尔（Larry Nassar）多年来对年轻体操运动员实施性侵犯的行为采取任何行动？在所有这些例子中，只有一小部分人是实际参与不良行为的，而更多的人处于没有做任何事情去阻止此类行为发生的状态。

与其把不良行为继续的原因归结到个别害群之马身上，不如说是因为好人没有站出来做正确的事情。马丁·路德·金（Martin Luther King，Jr.）在 1959 年的一次演讲中谈到了这一问题："历史将不得不铭记，这个社会转型时期最大的悲剧，不是坏人的喧嚣，而是好人骇人听闻的沉默。"

但是，依旧存在一些令人振奋和鼓舞的消息，就是如果可以弄清楚那些经常导致像我们这样的好人保持沉默、无所作为的因素，就可以找到一些方法鼓励我们站出来并有所行动。正如我们将在下一章看到的那样，我们可能明确地意识到不良行为的存在，但并不觉得自己需要对此负责任，而且还总是期盼着其他人会做些什么来干预。或者像我们即将在第三章中讨论的那样，我们可能为自己没有办法将一些看上去模棱两可的行为定义为不好的或错误的行为而困惑。又或者像我们将在第四章中所说的那样，我们可能会认为干预无论是在身体层面还是在社会范围内，都需要付出很大的代价。也许还有最重要的一点，是我们将在第五章中讨论的内容，即我们可能害怕承担那种在社会群体成员面前站出来对抗所带来的个人的、职业的和社会的后果。但是，如果你知道该怎么做，你会发现，其中每一个压力其实都可以找到平衡的点。

第二章　谁来负责？

2017年4月9日，69岁的医生大卫·道（David Dao）在奥黑尔国际机场拒绝让出超订航班座位后，被强行带离联合航空公司的航班。他被芝加哥航空部的三名安全员沿着飞机过道直接拖下了飞机。在这个过程中，这几名安全员将他的头撞在飞机座位的扶手上，并且将他打昏。之后，这名医生被诊断为脑震荡，并且鼻梁骨折，还掉了两颗牙。

这一事件引起了广泛关注，多名乘客拍摄了事发经过，并在社交媒体上发布了视频。

许多听过这个故事以及看过这个视频的人，都把注意力集中在安全员对待这名69岁医生的恶劣方式上，但是他们忽略了一件我看到时立刻感到震惊的事情：这是一架载满了沉默的乘客的飞机。这些乘客清楚地意识到发生了什么，许多人拿出手机拍摄了事发经过，然后在社交媒体上直接公开地表达了他们的愤怒。然而事发当时，却只有一个女人说了些什么，然后大声喊道："你们在干什么？"除此之外，没有人与安全员对质，也没有人干预和阻止这明显不恰当的行为。

从某种程度上来看，这并不奇怪。许多研究表明，当有其他人在场时，我们不太可能进行干预。我们会假设在场的其他人肯定会做一些事情进行干预，而我们自己其实是没有必要这样做的。具有讽刺意味的是，这种被心理学家称为"责任分散"（diffusion of responsibility）的现象意味着受害者获得帮助的机会与在场的人数成反比。心理学家称这种现象为"旁观者效应"。不过，正如我们将在本章末尾看到的那样，这并不是一条一成不变的规则。有时候，群体中的人是能够摆脱旁观者角色的。

是什么因素导致出现旁观者效应？其他人的存在如何影响我们对紧急情况做出的反应？又怎么去解释在某些情况下，一些人具有做出一些不一样事情的能力，比如即使是在一群人面前，也可以挺身而出？

旁观者效应的起源

人们对旁观者无所作为这个问题的研究，还要从 1964 年发生在纽约市皇后区的一起著名案件说起。当时，一个名叫基蒂·吉诺维斯（Kitty Genovese）的年轻女子在她的公寓外被杀害。随后，《纽约时报》对这起凶杀案进行了深入调查，并发表了一篇文章。这篇文章当时被视为对城市生活的控诉，以及对其非人化影响的直接揭示。这篇文章对事发当晚发生的袭击事件进行了详细描述，并声称当晚其实有 38 名目击者看到袭击发生或听到袭击过程中的声音，但在整个过程中，没有一个人试图帮助基蒂或报警。虽然最近有一些研究指出当时这个故事的描述中存在一些错误，但是这个案例在当时依然激起了心理学领域对一种被称为"旁观者效应"的现象的兴趣，一系列相关研究随即展开。

在由基蒂·吉诺维斯案引发的关于旁观者效应的一系列研究中，最早的当数纽约大学的约翰·达利（John Darley）和哥伦比亚大学的比布·拉塔内（Bibb Latané）所进行的实验研究。他们在实验环境中模拟了一起非常逼真的紧急事件，这样就可以对其他人的存在会如何影响参与者的反应进行评估了。他们想探究的问题是，在下面两种情况下人们的行为会不会有所不同：一种情况是人们认为只有自己肩负着提供帮助的责任；另一种情况是人们认为其他人得到了同样的信息，并且也能提供帮助。参与者都是大学生，他们被告知，这项研究可能会涉及一些学生面临的常见个人问题。为了保护参与者的隐私，每个参与者都待在一个独立的房间里，实验者不会偷听参与者之间的谈话。每个独立的房间之间都用对讲机连接起来，参与者需要使用对讲机与其他 5 个参与者对话。在研究人员的要求下，参与者开始逐一介绍自己。这个时候，其中一个参与者（其实是研究人员的实验助手）约翰提到他患有癫痫，有时会因为压力而发病。他还提醒其他参与者，如果发现他开始说胡话，当务之急就是去寻求帮助。

研究人员随后对这个研究的关键部分进行了介绍。一半的参与者被告知，所有小组成员都可以通过对讲机听到其他成员发表的意见。另一半参与者则被告知约翰的对讲机工作不正常，他们是唯一能听到约翰在说什么的人，所以他们应该对约翰说的话进行转述，好让所有小组成员都能听到。

那么，故事肯定就朝着我们都猜得到的方向发展了——小组成员交流几分钟后，约翰开始"说胡话"了，并且试图请求帮助。

谁会挺身而出帮助约翰呢？先来看看让人欣慰的结果，在所有被告知只有他们能听到约翰说话的参与者中，有85%的参与者在听到约翰的求助信号后，马上离开房间去寻求帮助（你可能会想知道另外15%的人在想什么）。这85%立刻去寻求帮助的人，显然认为他们是唯一知道约翰即将发病的人，所以产生强烈的责任感，知道他们需要做点什么去帮助约翰。

但坏消息同样存在，在那些被告知所有小组成员都能听到约翰说话的参与者中，站出来帮助约翰的人的比例要低得多。在那些认为小组另外4个人也能听到约翰说话的参与者中，只有31%的人在6分钟内离开了房间。他们一定以为会有其他人为约翰提供帮助，而这也并不是自己责任范围之内的事情。

达利和拉塔内的研究创造了一个实验范式，旨在模拟现实世界中经常发生的那种旁观者面对紧急情况，且知道周围的人也意识到这种情况，但不知道如何应对的情景。他们发现，如果紧急情况仅发生在一个人面前，求助者就更有可能得到帮助，这个人会清楚地意识到自己有责任采取行动。但是，当紧急情况发生在一群人面前时，通常在场旁观的每个人都可能等着看别人是否会挺身而出。

这项里程碑式的研究还得出了一个更重要的结论：即使小组中的大多数成员没有帮助约翰去寻求帮助，他们也并不符合人们对冷漠无情且无视紧急情况的旁观者所抱有的刻板印象（stereotype）。当实验者在研究结束后进入每个参与者的房间时，许多参与者都表达了对约翰的担忧，基本都在询问约翰是否"还好"和"被照顾"。另外，这些没有立刻去寻求帮助的参与者还表现出了生理唤醒的迹象，比如手部颤抖和不断地出汗。但是，如果他们如此关心求助者并感到焦虑，为什么不采取行动呢？

达利和拉塔内做了一个假设，即那些没有伸出援手的参与者实际上并没有明确决定他们不站出来提供帮助。相反，他们似乎处于一个模棱两可的状态。当参与者试图决定要做什么的时候，他们很可能已经在脑子里把各种各样的可能性都过了一遍。因为他们其实并不是一定要采取行动，所以这个时候他们可能已经开始为自己寻找不采取行动的理由了。比如："也许求助者已经得到了帮助，在这种情况下，如果我再站出来，那可能只会制造更多的混乱"；"也许打电话求助显得自己有点反应过度，这样会很尴尬"；"也许离开房间会在某种程度上导致实验失败"；等等。那些认为自己是唯一可以听见约翰说话的人并没有在脑中权衡这些变量，因为他们知道自己是唯一能为约翰提供帮助的人。所以，他们的责任是明确的。

这一发现——人们在群体环境中提供帮助的可能性要小得多，已经在现实生活中发生在我们周遭的那些紧急情况里得到了反复证实。我们来看看下面这几个例子：

· 佛罗里达州可可市的一群青少年看着一名男子溺死在池塘里，没有人试图提供或寻求帮助。

· 佛罗里达州立大学的一名学生在喝了大量波旁威士忌后昏倒，被抬到沙发上。之后，兄弟会的成员在他周围继续喝酒、打台球，而他其实已经昏迷。直到第二天早上，他被发现已经死亡。

· 在伦敦一个拥挤的购物区，一名男子试图从一名穆斯林妇女的头上扯下她的头巾。一些正在购物的人注意到了这起事件，但是没有人上前提供帮助。

· 一名亚裔2岁女孩被一辆汽车撞倒，伤重流血至少7分钟。这期间，至少有18个人从她旁边经过。

· 在印度，一名妇女在光天化日之下被强奸。强奸行为发生时，许多人从旁边经过，但没有任何人采取任何措施阻止这个行为。

在所有这些情况下，旁观者本可以（或者说应该）提供帮助。

我们发现这种群体不作为的趋势甚至也存在于幼儿群体中。马克斯·普朗克演化人类学研究所的玛丽亚·普洛特纳（Maria Plötner）和一群同事设计了一项研究实验，用来测试幼儿是否容易受到旁观者效应的影响，并调查是什么因素驱动了他们的行为。在这项研究中，5岁的孩子被告知去给图片上色，然后实验者会呈现给孩子一个需要他提供帮助的情况。

为了测试孩子施予帮助的可能性是否受到责任分散（感觉到来自提供帮助这个方向的压力比较小，因为其他人也可以提供帮助）或者社会因素（对情况是否需要帮助感到不确定，或者羞于在他人面前挺身而出）的影响，研究人员设置了三个不同的控制条件：一、孩子是独处的；二、该儿童与另外两个从身体素质上看有能力提供帮助的儿童在一个组中（旁观者状态）；三、这个孩子和另外两个因为坐在矮墙后面而无法帮忙的孩子在一起（旁观者明显不能提供帮助的情况）。在被测试的目标儿童不知道的情况下，充当旁观者的孩子被事先告知他们不应该对实验者提供帮助。

在孩子们开始画画大约 30 秒后，实验者"不小心"打翻了一杯水，水溅到了地板上。他清楚地表达了自己的苦恼，说了声"哎呀"，随后呻吟了一声，并向放在地板上的纸巾特意做了个伸手去够的动作——纸巾就在孩子们的眼前，伸手可及。实验者需要对孩子们过来帮他擦水的速度进行记录，当然，如果孩子们帮忙的话。

研究人员发现，和实验者单独待在一起的孩子比那些和其他看起来同样可以提供帮助的孩子待在一起的孩子更有可能向实验者提供帮助，而且反应得更快。这一点恰好就是对成年人进行旁观者干预研究的已知发现。但是，在第三种控制条件下，即当孩子和其他不能帮忙的人待在一起的时候，发生了什么呢？这些孩子以与独处的孩子同样快的反应速度向实验者提供了帮助。

为了进一步了解实验过程中的动态，研究人员在研究结束时与每个孩子进行了简短的交谈，并问了孩子们几个问题。比如：实验者是否真的需要帮助？提供帮助是谁应该做的工作？如何判断几个人之间谁应该提供帮助？他们是否知道如何帮助实验者？

在三种控制条件下，大多数孩子都认识到需要向实验者提供帮助。但是，孩子们并不觉得提供这种帮助就意味着自己肩负着同等的责任。在独处和旁观者明显不能提供帮助的情况下，有 53% 的孩子提出，提供帮助是他们应该做的事情。相比之下，当孩子和其他潜在的帮助者在一起时，这个比例只有 12%。研究人员还在与孩子谈话的记录中发现了关于他们是否知道如何帮助的差异：近一半（47%）处于旁观者状态的孩子提出自己不知道如何提供帮助，相比之下，这个比例在独处的孩子和旁观者明显不能提供帮助的情况下的儿童中只有

10%。考虑到所需要提供的、必要的帮助其实非常简单——给实验者递一些纸巾，那些说他们不知道如何提供帮助的孩子似乎在试图向研究人员和 / 或他们自己解释他们不作为的原因。似乎这些仅有 5 岁的孩子甚至都明白他们应该提供帮助，并在努力寻找一种方法来为他们的行为辩解。

"我们研究中的孩子只有在责任明确的情况下才会展现出较主动且积极的帮助意愿。"普洛特纳总结道，"这些发现表明，这个年纪的孩子在决定是否提供帮助时会考虑到责任。"但是，当周围有其他人也可以提供帮助时，他们就很愿意坐着等，等别人伸出援手。这项研究表明，只要孩子们感到自己有责任，那么乐于助人对孩子来说就是很自然会发生的事情。

有多个子女的父母可能都知道，当有其他潜在的帮手时，孩子们通常都觉得肩上的责任并没有那么重。如果其他孩子不在身边，那么每个孩子都会变得更加乐于助人。毕竟，如果你哥哥能帮你做，那你为什么还要打扫碎玻璃呢？

社会懈怠的危害

在大多数紧急情况下，如果我们认为自己的作为或不作为并不那么明显和突出，那么我们就可以说，个体在群体环境中的不作为是与群体所做努力的减少相关的。当我们的努力与他人所做的努力相结合时，这种将自己的行为或作用最小化的倾向就被称为"社会懈怠"（social loafing）。

从学校到职场，再到政治舞台，在许多场合都可以看到社会懈怠的影子。这其实就解释了为什么如此多的大学生讨厌集体项目：他们害怕自己会被迫在无额外学分的情况下做完所有工作，而小组里的其他人却往往在偷懒。这也解释了为什么餐馆经常对6人或6人以上的团体强制收取服务费。因为如果让这些人自己看着办的话，往往就会出现大团体中的个人小费给得很少的情况。假设有人少给了服务费但是没有被发现，那么团体中的其他人很可能就需要支出更多的服务费来补齐差额。换句话说，人们的社会懈怠至少有一部分原因是他们相信自己可以藏在人群中，他们的行为或作用会被忽视。

当我们的行为或作用不明确或不可衡量时，社会懈怠就容易发生。例如，普渡大学的研究人员发现，游泳接力赛中，在仅宣布接力队中大学生运动员的个人成绩的情况下，运动员的游速会比仅宣布接力总成绩时更快。同样，当人们被要求"尽可能大声地"鼓掌或欢呼时，处在集体中的人所付出的努力比独自一人时要少得多——他们在群体中偷懒的情况并不容易被察觉。这种在群体中偷懒的情况并不局限于体力劳动，那些仅是想象自己处于群体中的人，之后承诺捐给慈善组织的钱，都比那些想象只和另一个人待在一起的人要少。社会懈怠也解释了为什么选举时投票的人永远是少数，即使那些不投票的人也有着明确且强烈的政治观点。

虽然到目前为止我给出的都是些无关紧要的例子，但是相信别人肯定会接手继续的倾向会在工作中带来实质性的后果。柏林理工学院的研究人员进行了一项研究。在这项研究中，参与者被告知他们必须对化工厂的自动化系统进行监控和交叉检查，以确保其正常运行。人们通常会认为让多人监控同一台机器会增加发现问题的概率——毕竟我们一般都会觉得，四只眼睛难道不是比两只更好吗？但是，这个理论——让几个人负责同一个任务会产生更好的结果，忽略了一个很基本的研究结果，即人类倾向于在小组任务中放弃努力。

这一研究发现，与合作伙伴一起工作的人比单独工作的人对系统做的交叉检查要少得多，并且他们发现自动化系统出现故障的情况也少得多。那些独自工作的人发现了几乎90%的故障，但是和同伴一起工作的人只发现了大约66%。团队的综合表现明显比单独工作的参与者的表现差。

但是，关于社会懈怠的研究依然没有对一个重要的问题进行探究：为什么当人们处于群体中时，往往会选择不付出太多的努力？一种可能是，人们会把他们在群体中的这种懈怠找各种理由合理化。比如，有人可能会因为派对上的其他人点了比自己更贵的食物，或者比自己更好的东西，而适当地少给一点小费。另一种可能是，当人们在一个群体中时，他们实际上会感觉到自己对结果的控制能力有限，这种感觉上控制的缺乏导致他们在群体中减少了付出。

为了验证这种关于控制缺乏的理论，伦敦大学学院的研究人员邀请人们单独或结伴完成一项存在挑战的任务。最开始的时候，参与者都被发放了一定的点数，这些点数将在实验结束时兑换成货币。随后，参与者被告知，他们需要做的，是随时按下停止按钮，来阻止一个滚动的大理石球从倾斜的栏杆上滚下来砸到地板（整个流程都是在电脑上模拟完成的）。大理石球在倾斜的栏杆上滚得越远，参与者按下停止按钮后被扣除的分数就越少——研究人员以此来引导参与者尽量晚按下停止按钮。但是呢，如果太晚按停止按钮，大理石球滚下来砸到地板了，那参与者将会被扣掉大量点数。当和一个参与者认为实际存在的同伴（实际上是一台预编程的计算机）一起进行实验的时候，谁按停止按钮，谁就会被扣分：如果参与者按下停止按钮，参与者将会失去点数，但是同伴不会失去任何点数；如果同伴按下停止按钮，则同伴失去点数，参与者不会失去点数。这项研究的目的，是根据参与者是单独进行实验还是和同伴一起进行实验来建立不同的计算方法。独自进行实验的参与者只需要决定他们自己单方面愿意承担多大的风险，而那些和同伴一起进行实验的人还必须考虑对方能承担多大的风险。

研究人员从几个方面进行了评估：如果参与者按下停止按钮使大理石球停止滚动，那么他们会怎样评估自己对结果的控制力，以及他们的大脑会有何反应。研究人员使用脑电描技法来观察我们称为"事件相关电位"的一种脑电波，其中出现的研究人员特别感兴趣的事件相关电位被称为"反馈负波"（feedback-related negativity），反馈负波的反应程度表明人们对自己行为的结果有多大的控制力。

当人们一起完成一项集体任务时，反馈负波的反应比他们单独工作时要小。大概是因为当他们和别人一起工作时，他们对结果的控制力会变小。在集体任务中，其他人参与得越多，他们自己的反馈负波的反应就越小。在前面提到的大理石球实验中，研究人员在参与者已经了解了他们在每次实验中所遵循的扣分机制，以及扣分与他们所做选择相关的情况下，对参与者的反馈负波反应进行了观察。

研究人员对实验结果进行分析后发现，当参与者和同伴一起进行大理石球实验时，他们按下停止按钮的平均时间，普遍比参与者单独进行实验时要晚一些。这也是说得通的，因为如果是他们的同伴按下停止按钮，按照谁按谁扣分的原则，参与者将不会失去任何分数。所以，参与者更愿意等到最后一分钟，看看他们的同伴是否会先按下停止按钮。

与同伴一起进行实验的参与者说，他们认为自己对结果的控制力明显减弱了。这么说其实也是有道理的，因为那些独自进行实验的人可以完全控制大理石球停止的时间，而那些和同伴一起进行实验的人必须考虑他们的同伴何时会使大理石球停止。

对神经活动的分析为我们的研究提供了一些额外的证据。这些证据表明，与他人一起工作确实会减弱一个人的控制感。根据先前的研究，当人们和同伴一起进行实验时，反馈负波的反应比他们单独进行实验时要低。在这种情况下，就像许多现实生活中的旁观者一样，参与者在与同伴一起时会有一种控制力减弱的感觉，虽然这些参与者依然是可以在任何时候采取行动的。

这项研究在一些重要的方面对之前关于责任分散的研究进行了拓展。研究表明，与同伴一起工作的人对自己行为可能产生的后果会有不同的把控和感受。这既表现在主观上——通过自我报告对认知（perceived agency）进行评价，也表现在客观上——通过脑电图数据进行评价。在决定是否采取行动时，如果和另一个人一起合作，人们会觉得自己对行动的结果所承担的责任并没有独自完成时那么重。

当我们与他人一起做某事时，我们对自己的行为及其后果的控制感好像就相应地降低了，同时我们在处理这件事时应该有的紧迫感也减少了。

克服旁观者效应

到目前为止，我已经对一些相关研究进行了描述。这些研究有助于解释在一个群体中，人们不采取行动的自然趋势（尤其是当周围的人也什么都不做的时候）。但这种不作为并不是不可避免的，让人感到欣慰的是，我们发现有时人们可以不跟随这种不作为的趋势。事实证明，如果我们可以意识到有哪些因素能帮助我们改变，那我们就有可能在别人都沉默的时候挺身而出——尤其是在那些困难的时刻。

公众自我觉知问题

虽然当我们处在一个群体中时，大多数人都会变成社会懈怠者，但如果我们意识到自己正在被关注，那社会懈怠的发生率就会变小很多。我们都喜欢把自己定义为有道德的好人，所以当我们知道有其他人会对我们的行为进行评价时，这种想表现得好一点的欲望就会增强。阿姆斯特丹大学的马尔科·范·博梅尔（Marco van Bommel）的研究表明，即使只有一点点可以使公众自我觉知（public self-awareness）增加的因素存在，也会对群体中的社会懈怠起到抑制作用。要想提高这种自我觉知，有几种方法。

研究人员在其中一个相关实验中，创建了一个在线聊天室，并告诉参与者他们正在研究在线交流的问题。参与这个实验的学生们登录聊天室里之后，会看到聊天室里的其他人发布的抒发负面情绪的信息。其中一个人说自己有自杀的想法，另一个人是位厌食症患者，第三个人的伴侣则患有癌症。研究人员随后告诉参与者：可以根据自己的意志，自由选择用何种形式的情感支持来回应这些信息。

在该研究的第一个变体中，每个人都可以在屏幕上看到自己以及聊天室里其他成员的名字，所有的名字都是以黑色呈现的。在某些情境中，会有额外的 30 个人登录聊天室。在余下的情境中，参与者是聊天室里唯一在线的人。正如之前关于责任分散的研究所预测的那样，当参与者经过自己的判断，认为有很多人在线时，他们对其他人发布的负面信息做出反应的概率，远远低于当他们认为自己是聊天室里唯一一个在线的人时。

但是，在研究的第二个变体中，研究人员有意做了一些增加公众自我觉知的尝试。第二个变体中的参与者的名字以红色显示，而其他人仍然是黑色的。这一简单的改变带来了与传统发现完全不同的、颠覆性的结果，即当聊天室里有很多人的时候，参与者也表现得比他们独自一人时更容易就负面信息做出回复。

为什么这个看似微小的改变会产生如此大的影响呢？简单地说就是，当我们明确地意识到我们的身份被群体中的其他人知晓时，我们不想让自己看起来像一个对有需要的人无所作为的浑蛋。同样的心理因素也会导致我们减少在群体中所做的贡献——我们不想看起来像一个傻瓜一样包揽团队项目中所有的工作，或者为了弥补他人少给的那一部分小费而多给一点，但如果我们认为不这样做会让我们看起来很糟糕，那这些心理因素可能就会让我们变得更乐于助人。

研究人员用不同的强调公众自我觉知的方法重复了这项研究。比如，在另一个研究变体中，一半的参与者在研究开始时被告知要确保他们网络摄像头的指示灯是亮着的，处于开启状态，即使摄像头只会在研究的第二部分用到。而另外一半参与者则没有被告知任何关于网络摄像头的事情。如果聊天室里同时有很多人在线，那么那些没有被要求保持网络摄像头常开的人就不太可能对负面信息做出回应。但是，对于那些被要求保持网络摄像头常开，并因此而使他们公众自我觉知变强的参与者来说，聊天室里的在线人数越多，他们越可能对负面信息做出回应。

这项研究为我们提供了关于旁观者效应产生原因的有价值的信息，以及我们能做些什么以减少旁观者效应带来的影响。在比较大的群体中，我们经常会觉得自己可以藏在人群中，并不需要为了挺身而出去做什么努力，因为没有人会注意到我们的不作为。但是，当我们意识到别人会注意到我们的行为时，或者还没有注意到时，我们反而会施以援手，因为我们想给其他人留下好的印象。事实上，当人们与一大群朋友在一起时，他们会比在一个小群体中更有可能在紧急情况下提供帮助。这又是为什么呢？其实原因很简单，就是我们想在朋友面前表现得好一点。

所以，处于群体中并不总是阻碍我们施以援手的因素。只有当群体为我们提供了匿名的外衣时，这种因素才会显现影响力。因为我们在意自己的社会声誉，所以当我们在一个更大的群体中且群体中的人知道我们的身份时，我们可能会比在一个小群体中时更有可能提供帮助。

当思考校园或职场的群体行为时，这种观点尤其有用，因为在这些场景中，人们往往会被同学和同事包围。事实证明，同学和同事可以激励个体，使个体更有可能在其行为不会对其他团队成员造成困扰的情况下在集体中采取行动。（我们将在第五章中就这一点进行讨论。）

责任问题

影响个体社会懈怠的另一个因素是我们是否相信自己所做的努力会带来一些改变。你的所作所为真的重要吗？那些被要求完成一项自己认为可以比别人做得更好的困难任务的人，即使在其所作所为并不会被他人评估的情况下，其通常也不会放弃努力。因为在这种情况下，他们会觉得自己可以为团队的成功做出独特而重要的贡献。研究人员还发现，在紧急情况下，当有孩子在场时，人们会比有成年人在场时更快地挺身而出提供帮助——因为孩子被认为是没有能力提供帮助的。事实也确实如此，即便在场的人不认识这个孩子，也不关心是不是需要为孩子树立一个榜样，只要有孩子在场，挺身而出的概率就会高很多。

这也有助于解释为什么受过专门训练的人在紧急情况下会挺身而出提供帮助，而并不会被普遍出现的责任分散的感觉所左右。事实上，那些拥有某种专业技能的人（如医生、护士、士兵或志愿消防员），都会觉得挺身而出提供帮助是自己的一种责任。并且，这些有专业技能的人也一直是抱着这样的想法在承担这份责任。

在一项研究中，研究人员招募了一批所授培训课程为护理和普通教育的学生，让他们参与一项简单的问卷调查。一半的学生被安排在单独的房间里进行问卷调查，其他人则和另一个学生（实际上是研究人员安排的实验助理）被安排在一个房间里进行问卷调查。随后，在问卷调查进行的过程中，参与者会听到一个人从房间外面的梯子上摔下来，并发出痛苦的尖叫。

独自一人进行问卷调查的上普通教育培训课程的学生比和另一个人在一起的学生更有可能提供帮助。这正是先前关于群体环境中责任分散的研究所得出的结论。但是，不管是否单独在房间，上护理培训课程的学生提供帮助的百分比是一样的。这并不意味着这些学护理的学生是更好的人——尽管有时候确实是好一点，而是反映出学护理的学生知道当下该做些什么，因此感到有更大的责任去行动。

如果人们不是拥有特殊技能，而是身居要职，那他们也会感到肩负更多的责任。在一项心理学研究中，被随机分配担任组长的研究参与者比那些没有领导角色的人更有可能帮助一个看起来像是被呛到的同学。这说明，被随机分配一个领导职位减少了当参与者处于群体环境中时出现的责任分散。

在某些情况下，拥有专业知识的人并不是权威人士，但即便如此，他们依旧可能"掌权"。我记得那是1989年，我读大学四年级的时候，当时我正坐在位于教学楼四楼的教室里，突然房间开始来回摇晃，洛马普雷塔大地震正在北加利福尼亚州发生。这个时候，教室里的学生都试图求助于权威人士——正在上课的教授，试图让她来告诉大家当下该做些什么以保证安全。

教授的回答出乎我们的意料，她一边紧紧地抓住桌边，一边喊道："我是从纽约来的！"这么喊就是在清楚地告诉我们，她并不知道该做什么。

一名同学随后喊道："我来自加州！"这句话证明他在这次紧急事件处理中的可信度，然后他说，"躲到桌子下面去！"

联结感问题

2019年1月，13岁的非裔美国冰球运动员迪维恩·阿波罗（Divyne Apollon）在马里兰州参加锦标赛时，对方队员不断地发表种族主义言论。一些人发出猴子的声音，另一些人告诉他应该滚出冰面去打篮球，至少有一个人使用了针对黑人的侮辱性称呼。但是，在场的成年人——教练、裁判、看台上的家长，都没有对此进行干预。反而是迪维恩的队友站了出来，在第三节比赛结束时，他们与对方队员发生了争吵，并最终演变成了暴力事件。尽管迪维恩的队友都是白人，没有受到种族歧视的辱骂和奚落，但他们还是选择在冰面上站在他一边守护他。作为一个团队，在他们中间产生的那种联结感（sense of connection）压倒了旁观者效应。

与有需要的人联系在一起的感觉究竟是如何帮助我们减少人类保持沉默的自然倾向的？根据所谓的"自我分类理论"（self-categorization theory），我们的自我认同与我们的群体认同相关联，无论是性别、种族还是国籍，学校、运动队还是职场，这种共享身份的感觉会让我们更有可能提供帮助，即使是在我们通常会选择退缩的群体环境中。我们倾向于与自己团队的成员有更多的联系，所以如果不采取行动，感觉上会很糟糕。当我们的团队中有人需要帮助时，我们会挺身而出。

马克·莱文（Mark Levine）及其同事的研究表明，即使是非常简单的共同身份——对同一运动队的喜爱，也能增强人们提供帮助的意愿。在一项实验中，研究人员招募了曼联足球队的球迷（全部为男性），让他们参加一项被告知是在体育赛事期间人群行为的研究。参与者完成了关于他们对团队支持的简短问卷，然后被告知必须去另一栋大楼观看视频。

他们在去往另一栋大楼的路上，遇到了研究人员安排的一起紧急事件：一名男子突然在草地上滑倒，并且抓住自己的脚踝痛苦地大叫。这名男子分别被要求穿着曼联球衣、对手球队（利物浦）的球衣，以及没有球队身份的普通球衣出现。你能猜到曼联球迷更有可能帮助谁吗？

结果显示，超过 90% 的人停下来帮助穿着曼联球衣的受伤男子，只有 30% 的人帮助了穿利物浦球衣的人，33% 的人帮助了穿普通球衣的人。这项研究和同一批研究者的其他研究共同表明，即使是表面上的共享身份——上同一所大学或支持某个团队，也能对助人行为产生很大的影响。

当卷入其中的代价要大得多的时候，对共享身份认同（shared identity）的感受甚至会促使人们介入暴力事件的干预之中。使用沉浸式虚拟环境进行研究——出于道德原因，这是在危险的情况下对旁观者行为进行实验性研究的唯一可行方法。其结果显示，当受害者是他们支持的团队的粉丝时，他们更有可能介入并进行干预以阻止暴力事件继续。

因此，如果感到与需要帮助的人有某种联系，人们就更容易减少在群体环境中不作为的那种自然的人性倾向。这有助于解释为什么年轻的冰球运动员会对针对他们队友的种族主义攻击做出反应，而不是保持沉默。他们共有的认同感让他们觉得他们必须做些什么（他们的行为最终引发了一场反对体育运动中存在的种族主义的地方运动）。

这也有助于解释我们前面提到的基蒂·吉诺维斯被杀的那个真实的故事。当时的报纸报道称有几十名目击者，他们全部都没有任何作为。但是，后来的研究显示，目击者中至少有两个人报警，而其中一位女性还提供了很多别的帮助——索菲·法勒（Sophie Farrar）是基蒂的朋友，一个邻居打电话告诉她基蒂被袭击的事情后，她立即打电话给警察，然后跑到基蒂身边。尽管当时已经是半夜，她也完全未顾及这样做会不会危及自己的生命。最后，当救护车到达现场时，索菲正把基蒂揽在怀中。

索菲·法勒可能确实会担心自己的生命安全，但毫无疑问，当下基蒂需要帮助。在这种并不是非黑即白的情况下，更难做出是否进行干预的决定。正如你将在下一章看到的，在我们不确定到底会发生什么的情况下，挺身而出去提供帮助显得尤为困难。

第三章　模棱两可的危险

1993 年 2 月，两个 10 岁的男孩在英国利物浦的一个购物中心绑架了一个蹒跚学步的孩子杰米·巴尔杰（Jamie Bulger），并带着他一起走了大约 2.5 英里 [1]。在整个过程中，杰米一直在哭，并且可以很明显地看到他额头上有肿块。虽然一行人前后被总共 36 个人看到，但大多数人没有做任何干预。其中，只有两个人看到之后走了过去进行询问，但两个绑架者说杰米是他们的弟弟，或者说杰米迷路了，他们正带他去警察局。总之，无人报警。

这两个男孩子把杰米带到一处僻静的铁轨旁，随后对他进行殴打和虐待，一直到杰米没有任何生命迹象。两天后，杰米的尸体才被发现。

杰米·巴尔杰的悲剧说明我们在生活中的某个时刻可能会面临一项根本性的挑战：有时候，我们会注意到有些事情不太对劲，但是又不能肯定我们到底看到或听到了什么。比如，办公室里的那些议论到底是无害的笑话，还是充满种族主义和冒犯性的言语呢？这是一场小小的争吵，还是一起严重的家庭暴力事件？那个在游泳池里不断扑腾的人是真的遇到了麻烦，还是只是在胡闹？这种模棱两可的情况让人

1　1 英里约为 1.61 千米。

们更难挺身而出给予帮助。

在这一章中，我会对这样一种现象进行描述：正在发生之事的不确定性，加上依赖他人的行为来帮助我们解读形势的倾向——这种倾向尤其会对那些处在群体中的人采取行动造成阻碍，有时甚至会带来悲剧性的后果。我还会回顾神经科学的最新发展成果，这一成果告诉我们，这种不作为可以在大脑活动模式中被检测到。

模棱两可导致不作为

大学期间的一个夏天，我在亚特兰大市区找到了一份工作。一天晚上，我和我的室友下班回家，看见一个男人昏倒在我们公寓大楼前的台阶上。我们本能地开始担心他的安危，于是打了 911 求助。几分钟之后，救护车到了，但是当司机和一名护理人员走到那个人面前时，他们大笑了起来。很明显，昏倒的人在社区里是一个众所周知的酒鬼，他只是喝多后躺在我们门前睡着了。当时，我和我室友的感觉如何？尴尬、愚蠢，还觉得自己天真。

我和我室友的这一经历说明了：在一个模棱两可的情况下挺身而出所要经受的心理层面的挑战。在不明白正在发生什么事情时，我们做正确事情的尝试就会变得复杂。我们经常保持沉默，因为担心别人会认为我们表现得很愚蠢或过于敏感。心理学家将其称为"评价顾忌"（evaluation apprehension）。群体中的人数越多，我们就越担心会给别人留下不好的印象——毕竟，会有很多人当场见证我们可能出现的尴尬行为。这种情况被称为"观众抑制"（audience inhibition）。

想象这样一个场景：你看到一对正在公共场所大声争吵的夫妇，并且他们之间的争吵看上去很可能会演变为肢体冲突。这个时候，你可能会想："也许我应该做点什么。"但是，你也可能觉得自己不应该卷入这种家庭纷争之中。宾夕法尼亚州立大学的兰斯·肖特兰（R. Lance Shotland）和玛格丽特·斯特劳（Margret K. Straw）进行的一项研究，对"面对争吵的两个人，旁观者会如何做"进行了准确的论证。当参与者在等候室进行一项调查时，研究人员安排了一场爆发于一对男女之间的争吵（实际上，争吵的双方都是来自学校戏剧系的演员）。首先传入参与者耳朵的，是从紧闭的门后传来的激烈争吵声，一名男子指控一名女子捡起了他声称是自己掉落的一美元。然后，这对男女进入房间，男人开始猛烈地摇晃女人，女人挣扎着尖叫，并喊着："离我远点儿！"在这里，研究人员设置了两种不同的情况：在一种情况下，女人在尖叫的同时需要说"我不认识你"；在另一种情况下，她需要喊"我不知道为什么我会嫁给你"。这对男女会持续这样的争执状态 45 秒钟，然后一名研究人员出现。如果参与者还没有介入调停，那这对男女就会在研究人员出现时停止争斗。研究人员会对这个过程中参与者出现的任何行为进行记录——从叫警察到喊男人停下来，再到直接进行身体干预。

在这项研究中，参与者在所有的情况下都是唯一的旁观者。所以在这个场景中，谁肩负着施以援手的责任呢？毫无疑问是参与者。但是，根据这对男女所展现出的关系的不同，参与者进行干预的比例也出现了很大的不同。当参与者认为这对发生争执的男女不认识对方时，65% 的人会主动介入，阻止男人袭击女人。但是，如果参与者认为在他们面前发生争执的是一对已婚夫妇的话，这个比例就降至19%。

怎么解释这种差异呢？简单地说，是因为对许多人来说，干涉陌生人之间发生的潜在暴力冲突似乎是正确的做法，但是如果对家庭纠纷进行干涉，就很有可能让我们显得愚蠢、陷入尴尬。

虽然心理学家欧文·斯陶博（Ervin Staub）的研究表明这种影响可能会随年龄的增长而变化，但这种对我们在他人眼中形象的担忧同样可以在儿童身上看到。在一项研究中，参与实验的儿童可以听到另一个儿童陷入困境所发出的声音，幼儿（从幼儿园到小学二年级）与另一个孩子在一起时比独处时更有可能帮助处于困境中的孩子。但是，对于年龄较大的孩子（小学四年级和六年级），效果则正好相反：当他们和同伴在一起时，比独自一人时更不愿意帮助处于困境中的孩子。斯陶博解释说，当有同伴陪伴时，年纪较小的孩子可能会觉得更自在，而年龄较大的孩子可能会更担心被同伴评判，害怕因反应过度而感到尴尬。斯陶博指出："年龄较大的孩子似乎比年龄较小的孩子更少讨论自己所听到的陷入困境的儿童发出的声音，也不会那么公开地对这种声音做出回应。"换句话说，年龄较大的孩子在同龄人面前会故意摆出一副扑克脸[1]。

社会心理学家发现，当人们不那么担心评判时，更愿意去做一些事情。这一发现带来的结果之一，就是人们更有可能在明显紧急而非模棱两可的情况下采取行动。在一项研究中，研究人员制造了一个模

1　扑克脸（Poker face）：脸上毫无表情，不露声色。——译者注

棱两可的事件——参与者听到另一个房间发出一声巨响，以及一个明确的紧急情况信号——一声巨响后伴随而来的痛苦的呻吟。每个听到撞击声和呻吟声的参与者都提供了帮助，不管他们是一个人还是处于群体中。而当参与者只听到撞击声时，提供帮助的人明显变少。但在这种情况下，独处的参与者比在群体中的参与者更有可能提供帮助。

这些结果让我们洞察了那些最初看似令人困惑的现实世界中的发现。与我们经常听到的说法相反——在某些紧急情况下，人们绝对会挺身而出提供帮助。在第二章中，我们已经看到了一些处于群体中的个体倾向于提供帮助的情况（如当他们感到肩负更多责任时，或者当所面临的是真实且明确的紧急情况）。

2005 年 7 月 7 日早上，上班高峰时段，自杀式炸弹袭击者在伦敦公交系统发动了一系列协同袭击，造成了 52 人死亡，数百人受伤。尽管这非常明显是一个严重的紧急情况，而且那些帮助受害者的人很可能有受伤的危险，但是在目击者的叙述中依然反复出现了人们提供急救和安慰陌生人的情况。一名幸存者描述了她在地铁站的经历："站台上有一些人把我扶了起来。有位女士走过来问我是否还好，然后她拉着我的手一起走上了站台。接着，我们乘电梯到地铁站里，我坐着休息了很久很久。然后，这位非常善良的女士走过来和我坐在一起，把她的外套披在我身上，像是在照顾我。"

这与 2013 年波士顿马拉松袭击、2013 年肯尼亚内罗毕西门购物中心大规模枪击事件和 2017 年巴塞罗那恐怖袭击后，也有陌生人自发提供帮助的情况类似。

是什么造成了我们不作为的自然倾向和这些人冒着生命危险帮助

陌生人的例子之间的差异呢？当炸弹爆炸或枪击发生时，当下发生的这种情况是否紧急的问题，瞬间就得到了清楚的回答，没有一点模棱两可的地方。这意味着，人们不再担心自己实施帮助的行为看起来很愚蠢或者因为反应过度而感到尴尬。事实上，实证研究表明，在存在高潜在危险的情况下，无论是独自一人还是处在人群中，人们都同样有可能提供帮助。

最近一项跨文化研究的结果记录了这种帮助的案例。一组研究人员对3座不同的城市（荷兰阿姆斯特丹、英国兰卡斯特和南非开普敦），共219次包括争吵和攻击行为在内的公共斗殴监控录像进行了检查。他们查看了安全摄像头捕捉到的每次打斗的视频记录，并记录了目击者的行为。在91%的案例中，至少有一个人以某种方式进行了干预。例如，打手势让施暴者冷静下来，用身体挡住或拉开施暴者，或者安慰、帮助受害者（3座城市之间的干预率没有统计上的显著差异）。旁观者的数量越多，受害者获得帮助的可能性就越大。所以，在这些紧急情况下，有些人的确会挺身而出提供帮助，但也并不是所有人都会这样做。

来自不同专业领域，包括心理学、社会学、人类学和犯罪学的研究人员自豪地宣称，他们已经证明实际上并不存在旁观者效应。他们认为，心理学界关于群体环境中旁观者冷漠的老生常谈经不起推敲。但是请记住，这些研究人员所做的验证是针对一种非常特殊的行为进行的——人们干预以阻止公共斗殴。正如我们前面所谈到的，紧急情况确实会引发更多的帮助行为。一项元分析（meta-analysis）证实，旁观者倾向于在某些情况下采取行动，其中就包括存在危险的情况。在这些情况下，旁观者所面临的风险是身体上的，而不是社会层面的。

不幸的是，很多情况是缺乏那种好像可以促使旁观者行动的清晰性的。比如，那个喝醉的大学生愿意去那个家伙的宿舍吗，或许这可能演变为性侵犯行为？父母是否需要适当地管教他们的孩子，这会涉及虐待吗？同样，我们一般也很难确定某个特定的笑话或评论是否会冒犯到别人。不恰当的评论从表面上看可能是积极的——想想"亚洲人天生擅长数学"，或者"那件衣服真的能很好地展示你的双腿"这两句话，即使意识到有些评论是有问题的，我们也经常怀疑它们是否恶劣到值得我们去回应。在职场、学校等公共场合听到冒犯性言论的人通常会保持沉默，因为他们不知道是否要进行回应或如何回应。

扑克脸的危害

当面对模棱两可的情况时，我们的自然倾向是向别人寻求答案。我们期望别人的行为可以给我们带来一些关于他们在想什么或感觉到了什么的信息，然后再用这些信息来引导自己做出反应。但问题是，如果每个人都在向别人寻求指引，那就没有人会真正理会眼前正在发生的事情了。

在 1968 年进行的一项著名研究中，纽约大学的约翰·达利和哥伦比亚大学的比布·拉塔内针对其他人的反应如何影响我们对情况的判断进行了调查。参与研究的学生被带到实验室填写一份简单的问卷，其中一些人被要求独自在一个房间里完成问卷调查，其他人则会同另外两个人被安排在一个房间里完成问卷调查，其中包括了实验助手（实验助手被告知不要对即将发生的紧急情况做出任何反应）。学生们开始填写问卷几分钟后，就有烟雾慢慢涌入房间。研究人员对参与者在面对这种显而易见的紧急情况时的反应很感兴趣。

达利和拉塔内发现，75% 独自在房间里的参与者会在注意到烟雾后站起来调查烟雾的来源，然后离开房间向实验者报告这个情况。

但是，当与其他人一起在房间里时，只有 10% 的参与者在接下来的 6 分钟里站起来寻求帮助（这时，研究人员已经结束了实验）。涌入房间的烟雾量其实并不小，也不淡，以至于在 6 分钟的实验结束时，由于烟雾太浓，学生们必须不停地将烟雾从他们面前扇开才能顺利地阅读问卷。但是，即使都已经这样了，这些学生依旧坚持了下来，这又是为什么呢？

当研究人员询问那些没有反应的学生是否注意到烟雾时，他们都说注意到了，然后说了一些自己的看法。一个说他认为是空调的冷气，另一个说是"蒸汽"，还有两个学生说是"吐真剂气体"[1]。因为房间里的其他人在注意到烟雾后并没有反应，这就导致他们把出现烟雾判断为一种不严重的情况。

这项研究证实了社会心理学领域的一个经典原则：独处的个体很容易将某种情况视为紧急情况，并采取适当的行动，但当个体处于无反应的人群中时，他就会失去这些独处时的表现。处于一群无反应的人当中时，我们大多数人什么都不会做。

---

1 原文为"Truth Gas"，结合"吐真剂"的英文 Truth Serum，故作此翻译。——译者注

相反，当一个人对一种情况做出反应时，其他人更有可能跟进去做出反应。在一项研究中，男性参与者被要求独自在一个房间里完成一份问卷，但是他们可以通过玻璃隔板看到隔壁房间的另一个人——实际上是研究人员安排的实验助手。当参与者填写问卷时，他们会听到一位妇女的尖叫声和物体坠落的声音。当玻璃那边的人显得焦虑不安而不是根本没有反应时，参与者更有可能站起来，并试图弄清楚发生了什么。在另一项类似的研究中，欧文·斯陶博发现，当一名实验助手将最初不能清晰识别的声音定义为紧急情况，并告诉研究参与者去寻求帮助时，每个参与者都照做了。两项研究都提供了证据证明，在模棱两可的情况下，我们经常依靠周围人的反应来帮助我们评估正在发生的事情，并决定自己该怎么做。

处于群体中的个体会根据他人的行为来决定自己应该做什么的事实，导致了我们在模棱两可的情况下有不采取行动的倾向。如果每个人都在看旁边的人，试图弄清楚该做什么，并且不希望被视为反应过度的人（冒着感到愚蠢和尴尬的风险），那么需要帮助的人可能根本得不到任何帮助。在这种情况下，群体中的个体可能都会因为群体中的其他人没有反应，而认为不存在紧急情况。换句话说，就是不作为滋生不作为。每个人在私底下可能都会意识到确实有紧急情况发生，但是在公开场合，他们却表现得漠不关心。

在这种情况下，大多数群体中的成员私下其实都有对当下情况的自我认知，但同时错误地认为大多数其他人对当下情况的认知是与自己不同的，这种现象被称为"多数无知"（pluralistic ignorance）。多数无知有时会导致人们在生死关头无所作为。比如，在周围人都不作为的情况下，人们会对火警没有反应。这种情况在不属于紧急情况的日常生活场景中也很常见，例如当学生或员工听到性别歧视、种族歧视或仇视同性恋的言论时，他们通常会观察其他人的反应，以决定自己应该如何反应。如果其他人似乎不介意，他们会推断（也许是错误的推断）他们的朋友或同事对这样的言论是支持的。但是，实际情况是有可能私底下每个人都被这种言论所困扰。

多数无知有助于解释为什么我们会有一种自己不能与他人同步的感觉，而事实并非如此。在一项研究中，研究人员要求大学男生报告在预设场景中，他们对性别歧视言论的适应程度，然后报告在同样场景中他们认为其他男生对同样言论的适应程度。有一个场景是这样的："你和一些男性朋友在校园里散步，一个你从未见过的女人从你们身边走过。当你经过她身边时，你的一个朋友说：'我要竭尽全力把她搞到手。'"这些大学生报告说，他们认为自己对这种言论的不适应程度远远超过了其他男人。当研究人员对与不相识的几个人待在一个房间里的男性进行测试时，得到了相同的结果。随后，研究人员要求参与者将自己的适应程度与朋友（而不是没有关系的陌生男性）的适应程度进行比较。研究人员总结道："与相对陌生的男性相比，彼此熟悉的男性在预测同龄人的态度方面，在准确率上并没有明显的差异。"

理解常见的知觉错误

为什么我们总是曲解别人的想法和感受？一个原因是某些类型的

行为比其他行为更明显。我们的注意力更容易被那些嘲笑和霸凌受害者的学生吸引，而不是被那些默默地看着、被霸凌行为吓到的人吸引。

乔纳森·霍尔贝斯勒本（Jonathon Halbesleben）进行了一项研究，目的是检验当个体看到某人对攻击性行为做出赞同的反应时（比如，因为一个关于性别歧视的笑话而大笑），个体是否相信其他没有回应的人比自己更容易接受这种攻击性行为。在这个实验中，参与实验的大学生被要求阅读一连串含有性别歧视的笑话。然后，研究人员会询问参与者两个问题：一、他们对这些笑话有多满意，觉得有多好笑；二、他们认为他们的同龄人会对这些笑话有多满意，同龄人可能会觉得这些笑话多好笑。

正如霍尔贝斯勒本预测的那样，学生们始终坚信其他人会比他们自己更喜欢这些笑话，而且相比之下，其他人也会觉得这些笑话更有趣。但是，被要求和其他人待在一个房间里对笑话进行评价的学生，因为在房间里可以听到周围人发出的零散笑声，所以也就显现出了更大的自我—他人差（self-other gap）。虽然显而易见，但依然值得一提的是，行动比不行动更明显，笑声比沉默更容易引起注意。

我们倾向于相信其他人的行为反映的是他们真实的想法和感受，即使我们意识到自己的行为并不是我们真实想法和感受的反映。因此，如果其他人表现得不像是有紧急情况发生，那我们就会觉得他们一定是真的认为当下的情况是非紧急的。

你一定听过《皇帝的新装》这个故事，故事中的两个织工向皇帝许诺，会做出一套华丽的、愚蠢之人无法看见的衣服。当皇帝穿着他的"行头"在镇上巡游时，镇上所有的人都看到了一位一丝不挂的君主，但是没有人想第一个点破，并且承认自己是愚蠢的，只有一个对自己的形象毫不在意的小男孩最后大喊道："皇帝没有穿衣服！"

这个故事完美地说明了这样一个观点：即使意识到自己的行为和言语与想法不一致，人们也相信别人的行为、言语与想法是一致的。想想这样一种场景，你在学校听一个讲座或者在工作中观摩一个演示，教授或者演示者一般都会问："有什么问题吗？"也许你确实有一个问题——甚至可能问题还很多，但还是选择不举手提问。也许在扫视四周时，你注意到房间里很少有人举手提问。如果我问你为什么不举手，你可能会说自己不想在同龄人面前显得愚蠢。但如果我问你为什么其他人选择不举手，你就很可能会给我一个非常不同的答案：其他人理解台上的人所讲或者所演示的东西，本来就没有什么问题。这其实就是行动中多数无知的典型例证，人们会因为尴尬而选择不举手提问，但是他们又坚定地认为其他人没有举手是因为他们都懂，并且真的没有问题。

普林斯顿大学的戴尔·米勒（Dale Miller）和西蒙弗雷泽大学的凯西·麦克法兰（Cathy McFarland）进行了一项研究来检验这个问题。他们要求参与者3~8人一组阅读一篇文章，为之后的讨论做准备。研究人员故意将这篇文章写得充满漏洞，甚至可以说读起来让人费解。参与的学生们被告知，他们在理解这篇文章时遇到任何困难，都可以带着问题到实验者的办公室提问。阅读文章之后，参与者需要完成一份问卷，问卷中会询问他们对文章的理解程度，以及他们认为其他学生对文章的理解程度。研究中没有一个参与者向实验者提问，他们认为其他学生肯定要比他们更理解这篇文章。研究人员得出结论：参与者会认为他们不提问的行为是出于害怕、尴尬，但同时认为其他学生不提问反映了其对文章有着更好的理解。

这种对自己和他人行为驱动因素的误解（即使行为是相同的）随处可见。我们可能会认为，我们不愿意表达对潜在的亲密关系对象的兴趣是因为害怕被拒绝。反过来，潜在对象不愿意表达则会被我们理解为他们对我们缺乏兴趣。同样，白人和黑人都会说，他们希望与其他种族群体的成员有更多接触，但他们认为其他人对此不感兴趣。而且，每个小组成员都解释说他们的不作为是因为害怕被拒绝，同时又认为其他人的不作为可能确实是因为他们对小组所做之事缺乏兴趣。（在第五章中，我们将看到当我们想融入一个有价值的社会群体时，多数无知现象是多么普遍。）

社交尴尬和对拒绝的恐惧有时会抑制我们行动，这一发现有助于解释为什么当抑制减少时，我们对紧急情况的反应意愿反而会增强。稍后，我们将会了解到，那些不太关心自己是否需要融入群体的人身上会展现出更高的干预可能性，并且会探究是否存在什么方法可以使个体对群体不那么关心，并更有可能对不良行为进行干预。但现在，把目光聚焦在社交尴尬可能对我们的行为造成什么影响这个问题上就足够了。

荷兰的研究人员设计了一项研究来测试因饮酒而导致社交抑制性降低的人在遇到紧急情况时是否会更快地提供帮助。他们邀请在阿姆斯特丹酒吧喝酒的人参加一项简短的研究，研究人员会在酒吧的一个角落要求参与者加入研究计划。随后，一名研究人员会故意把一些东西掉在地板上。然后，研究人员会对参与者帮助研究人员拿起这些物品需要的时长进行记录。同样分为两种情况：一种是参与者和研究人员单独在一起；另一种是参与者与另外两个朋友在一起。

正如我们所料，相比之下，比较清醒的人在有旁观者在场的情况下会比他们独自一人时需要更长的时间为研究人员提供帮助。另外，事实证明，那些喝了相当多酒的人，当他们处于一个群体中时，反而会比他们独自一人时，更快地为研究人员提供帮助。研究人员认为，酒精有助于减少他们的社交抑制性，并同时抑制任何个体都会产生的对在他人面前实施帮助所带来的潜在社会风险的担忧。

在群体中行动的神经科学

对旁观者效应的解释通常集中在认知过程中，当群体环境中出现紧急情况时，这些认知会导致人们犹豫不决。不帮忙也许是因为我们不觉得自己肩负着这个责任，或者是因为我们不想挺身而出之后发现事情并不是那么紧急而显得愚蠢，抑或是我们会认为别人也并不认为眼下这个情况是紧急情况。所有这些解释都涉及人们的想法和感受，以及对当下情况的本质的解释。

但是，一些研究人员提出，当一个人注意到有人陷入困境时，应该会自动产生帮助那个人的想法。根据斯蒂芬妮·普雷斯顿（Stephanie Preston）和弗兰斯·德·瓦尔（Frans de Waal）开发的"知觉—动作模型"（perception-action model），个体看到需要帮助的人时，负责做出动作的大脑区域会被激活。后续的一些研究支持了这一理论。比如，在应对导致出现痛苦情绪的情况时，人们大脑中为行动做准备的部分（如运动皮层）确实会被激活。那么，当我们目睹紧急情况时，有没有可能仅仅因为周围有其他人在，我们这种自主神经反应就被抑制了呢？

为了弄清楚这个问题，荷兰蒂尔堡大学认知和情感神经科学实验室主任比阿特丽斯·德·杰尔德（Beatrice de Gelder），对紧急情况下在场的人数如何影响个体大脑活动模式进行了实验。在一项研究中，她和她的同事向参与者展示了一个现实生活中发生的紧急情况的视频，并用功能性磁共振成像仪监测了参与者观看视频时的大脑活动。在日常生活中，当危机出现时，我们往往都正在忙着做其他的事情。因此，研究人员告诉参与者，当处于功能性磁共振成像仪中时，他们要对三个点进行观察，并确定这三个点的颜色是相同还是不同的信号。然后，研究人员会在参与者需要观察的三个点的背景中，向参与者展示一段先前没有被提及的视频。视频的内容是一名妇女摔倒在地板上。在某些情境中，妇女摔倒之后周围是没有人的；在另一些情境中，妇女摔倒后会有一个、两个或四个人从她身边经过。

这项研究得到了两个重要的结论。首先，画面中出现的观察到紧急情况的人的数量越多，参与者处理视觉感知和注意力的大脑区域（枕上回、舌回、丘内回、颞中回）的活动就会越活跃，这表明参与者正在密切地关注这些观察者在做什么。这大概是因为其他人的行为或反应可以帮助他们理解当下的情况。这个女人是晕倒了，还是只是滑倒了？她真的受伤了吗？

但与此同时，随着观察者数量的增加，负责让我们做好行动准备的大脑区域——运动和躯体感觉皮层（motor and somatosensory cortex），反而变得不那么活跃了。

因此，在神经层面，一个群体的存在似乎真的会减少我们自发地帮助有需要的人的倾向。当我们独处时，大脑会自动为我们进行干预做准备。这种情况下的逻辑很简单，就是有人需要帮助，而我们有责任提供帮助。但是，当有其他人在场时，我们的大脑会专注于其他人在做什么，而且大脑对周围人的行为进行解读也需要时间，这也许就可以解释为什么当其他人在身边时，我们提供帮助反而会比较慢（并且不太可能挺身而出）。

数量上的优势

到目前为止，我们已经研究了模棱两可的情况是如何抑制人们在面对各种不良行为时进行干预的意愿的，但我还是想描述某些我们不确定到底发生了什么但依旧挺身而出的情况，以此结束本章的内容。

心理学家们一致认为，如果不用孤军奋战，那人们就更有可能在面对不良行为时挺身而出，并且承担这样做可能要付出的代价。正如吉恩·李普曼-布卢门（Jean Lipman-Blumen）在《蛇蝎领导者的诱惑》(*The Allure of Toxic Leaders*)一书中所写的那样："在同样的情况下，与他人建立联系可以创造信任、力量和协作，从而形成一个有组织的抵抗团体，为你提供支持。"换句话说就是，找个朋友。

虽然那些无意中注意到一个模棱两可的情况（如一个女人摔倒并痛苦地哭喊）的人，在和另一个人在一起时会比独处时更难挺身而出提供帮助，但是研究人员已经发现，如果是一对朋友，那么他们提供帮助的速度会比一对陌生人要快得多。这也许是因为朋友之间并没有那么拘谨，对尴尬的恐惧也更低一些。另外，朋友之间也可能更愿意交流当下遇到的情况，因此不太可能误解他们共同看到的那个陷于困境之人的想法和感受。

这有助于解释曾经发生的一件事，它的结局与杰米·巴尔杰的悲剧故事截然不同。

2003 年 3 月 12 日，阿尔文·迪克森（Alvin Dickerson）和安妮塔·迪克森（Anita Dickerson）夫妇在犹他州的桑迪市出差，路遇一名男子正和两名女子在街上散步。阿尔文似乎在哪里见过这个男人，他随即向妻子提到，这个男人看起来像是那个被怀疑与伊丽莎白·斯玛特（Elizabeth Smart）失踪案有关的街头传教士。伊丽莎白·斯玛特是一个十几岁的孩子，大约一年前在她自己家被绑架。于是，这对夫妇决定报警，并报告了他们看到的情况，然后一直等警察到了之后才回家。那天晚些时候，这对夫妇接到了警方的电话。电话中，警察告诉他们，他们下午的行为给警方提供了很大的帮助，并拯救了伊丽莎白。

迪克森夫妇并不认为他们的行为是英勇的，也不认为这么做有多不寻常。正如安妮塔·迪克森在新闻发布会上所说："我很高兴我们打了这个电话，这样她就可以和家人团聚了。"

虽然让迪克森夫妇选择报警的具体原因尚不清楚，但其中一个原因很可能是他们是一同遇到这个情况的，所以可以互相讨论来对当下的情况做出合理的解释。作为一对夫妇，他们不太可能担心互相分享观点会让自己看起来很愚蠢。这种与我们信任的人公开表达自己所见所闻的机会可能会很好地帮助我们理解模棱两可的情况。

还有什么是可以起到帮助作用的，让另一个人消除对当下情况的判断的疑虑，并给出明确的、应该做什么的指示？

在"9·11"恐怖袭击发生后不久，人们依然处于一种担心会发生更多劫机事件的状态。据说，当时一名联合航空公司的飞行员就向他的乘客们发布了一个不同寻常的通告。飞机一推出廊桥，他就通过机上的广播向乘客们讲了如下一番话：

首先，我要感谢你们今天非常勇敢地乘坐此次航班。舱门现在已经关闭，这就意味着对于飞机内部可能出现的任何问题，我们都得不到外界的帮助。正如你在办理登机手续时所看到的，政府已经做了一些改变来加强机场的安全。但是，对于舱门关闭之后机舱里会发生什么，政府并没有制定什么规则来管理。不过，在政府制定规则之前，我们其实已经制定了自己的规则。在这里，我想和各位分享一下。

一旦登机门关上，我们就只能依靠彼此了。安全部门已经增加了扫描设备，处理了像枪支这样的威胁，那我们需要面对的，就剩下所谓的炸弹了。如果你身上恰好有炸弹，那你其实没必要告诉我，或者告诉飞机上的任何人，因为一切都已经在你的掌控之中了。所以这么看来，在这次飞行中，这架飞机上肯定是没有炸弹的。

现在，剩下的威胁就是塑料、木头、小刀和其他可以制造出来的武器，或者是那些可以用作武器的东西了。

接下来说一下我们的计划。如果有人或几个人站起来说他们劫持了这架飞机，我希望其他人都站起来，然后拿起你能拿起的任何东西，扔向他们。尽量把东西扔到这些人的脸上和头上。这样，他们就不得不举起手来保护自己。

枕头和毯子是对抗刀子最好的防护工具，所以无论谁靠近这些人，都应该试着在这些人头上盖上一条毯子——这样，他们就什么都看不见了。

等到盖上毯子之后，就把他们撂倒，控制住他们，不要让这些人站起来。然后，我会把飞机降落在最近能降落的地方，并好好地关照关照这些人。毕竟，他们通常只有几个人，而我们有 200 多人！我们是不会允许他们接管这架飞机的。

我不知道这位飞行员是否上过社会心理学课，但是他说的这些话，完美地传达了我们所了解到的那些可以帮助人们在紧急情况下挺身而出的内容。他告诉乘客，如果发生劫机事件，他们有责任采取行动。他还告诉乘客应该做什么，进而创造出了一种共享身份认同。尽管这架飞机上的乘客没有遇到紧急情况，但如果有人愚蠢到试图劫持这架飞机，那这位飞行员的声明肯定会有所帮助。

不幸的是，在大多数现实情况下，并没有这样的指引来帮助我们理解正在发生的事情并指导我们如何应对。所以，我们需要自己去权衡行动或不行动的代价。

第四章　挺身而出的巨大代价

2017年5月26日，俄勒冈州波特兰市的技术人员里克·贝斯特（Rick Best）在搭乘通勤列车回家的路上，看到车上一名男子对着两个十几岁的女孩大喊种族主义和反穆斯林的脏话——两个女孩一个是黑人，另一个戴着头巾。里克和另外两个人上前与这名正在实施言语攻击的男子对峙。男子掏出一把刀刺向三人，里克与另一个人被攻击者刺死。

我们前面已经了解了心理因素如何影响我们，让我们难以判断紧急情况是否正在发生，并使我们的责任感变得模糊。即使在明显紧急的情况下，如果我们认为采取行动阻止不良行为可能会对我们构成重大威胁，甚至危及生命，那么挺身而出同样是件很困难的事情。我们还会担心站出来与不良行为对峙带来的有形成本，比如阻碍职业发展或造成社交尴尬等。不幸的是，这种恐惧和焦虑会导致严重的后果。当有人选择附和性别歧视的笑话或不加干预地观察霸凌行为，这种严重的后果就会显现在我们的面前。

本章将着眼于这些抑制因素如何阻止我们大多数人在面临不良行为时挺身而出，并思考我们在决定做某事之前对行动的相对成本和回报所做的理性计算。

权衡挺身而出的代价

想象一下，你正匆匆忙忙地赶去参加一个重要的约会，碰巧注意到某人需要帮助，你会不顾迟到停下来帮忙吗？

最早一个以测试我们在紧急情况下提供帮助的意愿为目的的研究，就模拟了这种情况。约翰·达利和丹尼尔·巴特森（Daniel Batson）要求普林斯顿神学院的学生（都是些有抱负的牧师）准备一个关于撒玛利亚人寓言的简短演讲（路加福音 10:25–37）。这则寓言描述了一个人为躺在路边的伤者提供帮助的故事，揭示了帮助需要帮助的陌生人所具有的道德价值。

在给每个学生几分钟的准备时间后，研究人员返回，告诉参与者需要前往附近的一栋大楼发表演讲，并传达了下面三条信息中的一条：

- 在"没那么着急"的情况下，学生被告知教授将在几分钟内准备好，他不用着急，可以按照原来的计划前往要发表演讲的大楼就好了；
- 在"有点着急"的情况下，学生被告知教授已经准备好听他发表演讲，所以他应该马上出发；
- 在"非常着急"的情况下，学生被告知教授已经在等他，他应该赶紧过去，因为他已经迟到了。

每个学生都会在前往发表演讲的大楼的路上遇到一个人，这个人低着头、闭着眼睛，瘫倒在地上，不停地咳嗽和呻吟（这实际上是一个和实验者一起工作的实验助手）。这里，我们就进入了研究的关键部分：谁会停下来帮忙呢？

请注意，这项研究的所有参与者都是神学院的学生，而且他们还准备了一篇关于帮助他人的重要性的演讲。但是，这个研究中影响谁可能停下来帮忙的主要因素是参与者当时有多着急。近三分之二（63%）处于"没那么着急"状态的人停了下来，并施予援手；近一半（45%）处于"有点着急"状态的人也停了下来帮忙；在那些"非常着急"的人中，只有 10% 的人做出了帮忙的举动。

尽管这一发现似乎令人惊讶——难道有抱负的牧师们不应该不顾时间压力而停下来提供帮助吗？但是，这也正是社会心理学家的模型所预测的。根据"唤醒 / 成本—回报"模型（"arousal / cost-reward" model），当人们看到其他人正在经历痛苦和折磨时，会经历不愉快的生理唤醒。换句话说，当看到需要帮助的人时，比如一个无家可归的人向我们要钱买食物，或者一个人站在一辆车轮胎瘪了的汽车旁边，我们会感到很难过。我们希望这些不好的感觉消失，实现这一希望的方法是帮助这个有需要的人。

帮助别人确实有好处——它能让我们自我感觉良好，而且我们高尚的品德可能会被别人认可。但在许多情况下，帮助别人也可能会让我们付出一定的代价——时间的损失、尴尬的感觉，甚至是人身安全受到威胁等。因此，在决定采取行动之前，我们潜意识里会进行成本效益分析。如果收益大于成本，我们就会提供帮助。但是，如果成本大于收益，那我们就不会施以援手。

这样做的结果是，有时候最需要帮助的人最不可能得到帮助。我们会在一些极端冲突中看到这一点，例如20世纪90年代的卢旺达种族灭绝和大规模枪击事件。当时，人们很可能是想提供帮助的，却苦于不知道如何才能最好地给予帮助，而且尝试援助的代价可能很大，所以最终无所作为。2018年2月，在佛罗里达州帕克兰的玛乔丽·斯通曼·道格拉斯高中发生枪击事件，武装驻校治安警听到枪声后，并没有进入大楼进行阻止和反击，而是在大屠杀期间选择了撤退。他的不作为是可以用唤醒／成本—回报模型进行解释的，试图用突击步枪阻止一名枪手的潜在成本非常高，收益却很不确定。

威斯康星大学麦迪逊分校的研究人员在费城的地铁车厢内进行了一项巧妙的研究，直接测试如果潜在成本很高，人们是否真的不太可能向有需要的人提供帮助。研究人员安排了一个实验助手拄着拐杖一直走到车厢的尽头，然后摔倒。在一些情境中，他摔倒后会一动不动地躺在地板上；而在其他情境中，他摔倒后不仅一动不动地躺着，似乎还开始吐血（实际上，这些血液是事先放进他嘴里的红色颜料）。与此同时，另一个实验助手开始记录周围的人上前提供帮助需要的时间。

你能预测一下发生了什么吗？血液很显然代表了问题的严重性，基本上每个人都会认为一个正在流血的人比没有流血的人更需要帮助。血液的存在意味着旁观者不必像在模棱两可的情况下那样怀疑眼前的事件是否真的是紧急事件，所以他们也不会担心自己会因反应过度而造成尴尬。但是，血液同时增加了施予援手的成本——至少需要更多的时间投入。还有更严重的，施予援手之人需要承担感染肝炎、艾滋病毒或其他严重疾病的风险。

正如研究人员所预测的那样，当实验助手假装在流血时，人们很明显不太可能向他提供帮助。就算他们真的上前提供了帮助，也花了更长的时间去做这个决定。

我们都很喜欢把自己定义为一个有道德的好人，会帮助有需要的人。我们这样做是因为大多数人是以信仰为精神支柱的，但是高度虔诚的人在面对不良行为时又不太可能进行干预（在某些情况下，虔诚甚至会鼓励旁观者不作为，我将在后面描述）。在决定我们行为的因素中，环境因素起着比我们可能愿意承认的更重要的作用。

除了当下紧急情况的严重性外，人们对帮助的成本和收益的计算还受到其他很多因素的影响。比如，关于旁观者实施心肺复苏术意愿的数据表明，地理位置就有可能对此造成影响。美国心脏协会有一个对人们进行心肺复苏术培训的项目：向受训者教授技巧以便他们在有人因心脏病发作而倒下时，可以立刻对其进行心肺复苏，因为在心脏骤停的情况下，快速行动极其重要。但是，该协会收集的数据却显示，旁观者仅在大约40%的情况下实施了心肺复苏术，而且这个比例因社区而异。一项2010年对29座城市中超过1.4万名经历过心脏骤停的人进行的调查研究表明，在较富裕、以白人为主的社区，心肺复苏术的实施频率是低收入、以黑人为主的社区的两倍。另一项研究发现，在低收入的社区（心脏骤停实际上更频繁），不论是什么种族，旁观者实施心肺复苏术的概率都较低。

虽然心肺复苏术的数据揭示了富裕社区的人们更有可能提供帮助，但我们依然可以说这也许是因为富裕社区里有更多人接受过心肺复苏术的培训。为了测试训练可能带来的影响，康奈尔大学的艾琳·康威尔（Erin Cornwell）和亚历克斯·柯里特（Alex Currit）对美国不同社区超过 2.2 万起医疗紧急事件中旁观者实施的所有类型的帮助进行了调查，其中包括提供水、给某人盖毯子、提供冷敷等不需要特殊技能的帮助。研究人员还对每个社区的社会经济地位（基于家庭收入中位数、教育水平和贫困率）和人口密度（基于居住在一平方英里内的人数）进行了记录，并且关注了需要帮助的人是白人还是黑人（数据集中，没有多少其他种族的受害者可以衡量）。

康威尔和柯里特发现邻里所处的环境和种族都会影响助人行为，生活在高密度地区的人比生活在不太拥挤的环境中的人更难得到帮助。这再次表明，在紧急情况下，周围人数的增多对受害者来说不一定是个好消息。另外，邻里是否富裕的影响比人口密度的影响更大：生活在贫困地区的人获得帮助的可能性明显更小。而且，在所有的社区中，黑人受害者获得帮助的情况都比白人受害者糟糕。这说明了，偏见——无论是明显的还是隐含的，都对此起到了一定的作用。

邻里效应可能与不信任程度有关。社会学家发现，在资源匮乏、杂乱无章和犯罪严重的社区，人们往往会产生一种普遍的不信任感，并认为别人更有可能伤害自己，而不是帮助自己。更强的不信任感似乎意味着帮助的成本变得更高了，因此旁观者不太愿意在紧急情况下挺身而出采取行动。

与这项研究相一致的数据显示，生活在农村地区的人与生活在城市里的人相比，更有可能提供各种帮助——用一美元换零钱、捡起掉落的物品、指路等。尽管可能有许多因素导致了这种差异，包括在拥挤的城市环境中难以注意到有需要的人，以及在农村环境中相对缺乏匿名性、有更强的社会凝聚力，但成本效益分析似乎依旧是其中一个因素。

直言不讳的社会成本

这几年来，我经常和一位男同事一起吃午饭。我们有许多共同的兴趣——我们喜欢相同的小说，有相似的政治观点和教学理念。可以说，我很享受他的陪伴。但有那么几次，他发表了一些让人觉得有些不合适的言论。有一次，他注意到我减肥了，就说我"现在看起来真的很好"。还有一次，他提出建议，说如果我出差的时候觉得孤独，应该告诉他，他会和我一起去。这些言论，说实在的，总是让我感到不舒服，但我从未鼓起勇气告诉他，请他停止这样。

当时，我是一名终身教授。他对我的职业轨迹不会有任何的影响，但我依旧什么也没说。我对这些言论一笑置之，只是没有再和他一起吃午饭了。这么做是因为我不想让我们之间的关系变得尴尬，或者让他指责我反应过度，而且对我来说，什么都不说似乎更容易做到一些。

当我们发现自己处于一种自我明显感到不舒服的境地时，大多数人都会选择像我这么做。我们害怕针对不良行为直言不讳所带来的人际成本，于是我们通常会选择什么也不做。而且，当我们是不良行为的见证者而不是受害者时，这种恐惧会因为我们同时担心周围其他人的反应而被放大。

想想当你听到一句冒犯的话、一句无端的贬损，或者一句种族主义或性别歧视的诋毁时，你会有什么反应？你是冒着显得过于敏感或造成社交尴尬的风险直言不讳，还是把自己的想法就这么藏起来？即使我们知道应该说些什么，也很容易沉默不语。

20世纪90年代末，当真人秀节目第一次被介绍给热心的公众时，宾夕法尼亚州立大学的研究人员招募了一些女性参与者进行了一项研究。该研究需要参与者从30个人中选出12个她们认为最有可能在荒岛上生存的人。然而，参与者并不知道的是，研究人员实际上对她们如何做出选择并不感兴趣——他们真正的目的是通过这样的设置来测试女性对性别歧视言论的反应。研究人员又招募了几位男性（女性认为他们是其他参与者），并示意他们发表一些涉及性别歧视的言论，包括"没错，我们就是要让那些女人保持身材"和"那些女人中有一个会做饭"等。在研究结束时，参与者会被问及她们对其他小组成员的印象。大多数女性（91%）提到，她们对发表性别歧视言论的男人有负面的看法。但是，当时只有16%的女性直接对这些性别歧视的言论进行了回应，说出类似"哦，我的上帝！我真不敢相信你这么说！"的话。

这些女性可能并没有对这些无礼的话直言不讳地进行还击，因为她们不想让男性觉得她们过于自信或非常"政治正确"。其实，她们这么做是有道理的。一项研究发现，男性对女性的喜爱会在女性对涉及性别歧视的言论进行直言不讳地回应时降低。相比之下，他们更喜欢在这种情况下保持沉默的女性。所以在现实生活中，虽然我们想针对冒犯性的行为做出一些抵抗，但出于对引发负面影响的（现实的）

恐惧，我们也可能什么都不做。

面对使用冒犯性语言或有贬损行为的人，我们需要更加专注，并集中地去抵抗恶意，所以即使在一些恶劣的情况下，大多数人也倾向于保持沉默。在一项研究中，研究人员把学生带到实验室，与另外两名学生——一个白人和一个黑人（他们都是研究人员的实验助手）一起工作。然后，研究人员让参与实验的学生（没有一个是黑人）暴露于较温和或比较极端的种族诋毁环境中。在较温和的诋毁情况下，黑人在离开房间时不小心撞到了白人的膝盖。黑人出去后，白人助手就会对参与者说："你看，典型的黑人行为，我讨厌黑人这样做。"在极端诋毁的情况下，白人会对参与者说出"愚蠢的'黑鬼'"等类似的侮辱性话语。在控制条件下，白人则什么也不会说。

接下来，当黑人回到房间后，研究人员会让学生选择他们想和哪个人一起工作，黑人还是白人。在控制条件下，53%的人选择了白人。在两种种族歧视的情况下，有63%的人选择了白人作为他们的工作搭档。这一发现，即人们在白人说了冒犯性的话后，更有可能选择白人作为他们的搭档，是出人意料的，似乎与我们的直觉严重不符。为什么参与者会对和一个看起来是种族主义者的人一起工作更感兴趣呢？

研究人员随后做了一项比对研究，目的不是探究人们如何应对现实生活中发生的种族主义事件，而是探究参与者认为自己会如何应对这些事件。研究人员要求参与者在阅读或观看重现这种情况的视频后，对他们自己将如何应对刚才报道或视频中描述的情况进行预测。当预测他们会做什么时，只有25%阅读了有关该事件报道的人，以及 17% 观看了事件视频的人，表示会选择和实施了种族诋毁的白人一起工作。同时，参与者预测自己会经历的情绪困扰程度也比经历过真实情景的人报告的要高。

这种差异告诉我们，尽管人们会想象自己在遇到种族主义言论时表现得非常沮丧，但当它真的发生时，这种情况可能并不会出现，似乎人们有着比他们愿意承认的更多的无意识的种族主义。为什么这项研究中有这么多的参与者想和侮辱了黑人的人一起工作呢？研究人员认为，那些目睹了种族主义行为的人可能已经想办法使自己的行为合理化了。他们会将这一言论重新定义为一个笑话，这意味着他们不必降低对说出种族主义言论的人的评价。

"人们并不认为自己有偏见，"这项研究的主要研究人员克里·川上（Kerry Kawakami）总结道，"他们预测自己会对种族主义行为感到非常不安，并会采取行动。然而我们发现，当面对公开的种族主义言论时，他们的反应比他们预期的要温和得多。"

这些发现一次又一次地指出了这样一个事实：我们认为自己会做正确的事情，比如当面试官问一些不恰当的问题时，我们会大声地提出疑问；又如因为某人进行了种族歧视性的诋毁而请他离开……但是，当事情真的到了需要采取行动的时候呢，我们的实际行为往往很难让人称赞或敬畏。

许多人没有意识到的是，我们所展现出的这种本能的沉默，实际上使不良行为得到了延续。沉默所表达的，是缺乏关心或默许，而这恰恰使得不良行为更有可能继续下去。

社会拒绝在大脑中的不适感

因为对不良行为的直言不讳会给我们带来社会成本，所以我们会避免让这种情况发生，这似乎反映了人类规避各种类型疼痛的基本意愿。神经科学家最近发现：大脑对社会性疼痛（social pain）——与某人分手或被社会拒绝（social rejection）——的反应与对扭伤脚踝、割伤手指这一类生理性疼痛的反应实际上是完全一样的。

加利福尼亚大学洛杉矶分校的内奥米·艾森伯格（Naomi Eisenberger）和马修·利伯曼（Matthew Lieberman），以及澳大利亚麦格理大学的吉卜林·威廉姆斯（Kipling Williams）是第一批研究社会性疼痛问题的研究者，他们在其中一项研究中展示了社会性疼痛和生理性疼痛之间的神经相似性。他们创造了一个名为"赛博球"（Cyber-ball）的交互式虚拟掷球游戏。参与者需要在功能性磁共振成像仪中完成游戏，并被告知他们的两个对手也在相同环境中进行着同样的游戏（参与者不知道的是，这个游戏实际上是一个预设的计算机程序）。在游戏的第一轮，参与者和另外两个（电脑）玩家之间投掷和接球的次数是平均的。但在第二轮比赛中，参与者和另外两个（电脑）玩家起初互相投了 7 次球，但在剩下的时间里，（电脑）玩家只把球来回扔给对方，共计 45 次。意料之内的，研究结束时收集的问卷数据显示，参与者感到被排挤和忽视。

研究人员随后检查了参与者大脑的活动模式，以了解社会排斥（social ostracism）是如何被参与者的大脑处理的。当参与者在扔球游戏中被另外两个（电脑）玩家排斥时，大脑的两个部分——背侧前扣带皮层（the dorsal anterior cingulate cortex）和前岛脑（the anterior insula）的活动增加。在对遭受生理性疼痛的人进行研究时也录得了非常相似的模式。背侧前扣带皮层被认为是大脑的一个报警系统，这个部分基本上负责发出"这里出了点儿问题"这样的信号，前岛脑则参与调节疼痛和负面情绪的工作。

　　为了进一步探索由社会排斥激发的感觉和生理性疼痛之间的神经联系，研究人员要求参与者报告他们在"赛博球"游戏中感受到的社会性疼痛（被忽视和拒绝的感觉）有多强烈。那些向研究人员报告了更强的受排斥感和不舒服感的人，恰恰在处理生理性疼痛的大脑区域表现出了更强的活动。这项开创性的研究首次证明了经历社会排斥同样会激活大脑中对生理性疼痛做出反应的部分。后续相关的研究也对此结论给予了支持，并进行了一部分扩展。这些我们将在第九章中看到。

　　如果社会性疼痛真的和生理性疼痛一样，那么你可能会认为，用来减轻头痛和肌肉酸痛的药物可能也可以用来减轻社会性疼痛。为了验证这一假设，内森·德瓦尔（Nathan DeWall）和他的同事让 62 名大学生在 3 周内，每天记录他们感受到的情感伤害。同时，所有参与者每天都要服用一粒药丸。其中一半参与者拿到的是对乙酰氨基酚（acetaminophen）——一种泰诺或扑热息痛的活性成分，另一半参与者拿到的是安慰剂（参与者并不知道他们拿到的是哪种药，也不知道是什么药）。在这 3 周里，服用对乙酰氨基酚的人表现出了情感伤害感下降，这表明一种简单的减轻生理性疼痛的非处方药也能减轻社会性疼痛（在你开始鼓励一个患有社交焦虑的青少年每天服用对乙酰氨基酚之前，请一定要记住它可能会有严重的副作用）。

最近的一项研究表明，这种受欢迎的止痛药在止痛的同时会降低我们感受他人伤痛的能力。俄亥俄州立大学和国立卫生研究院的心理学家做了一个实验，研究人员给参与实验的大学生派发了两种饮料中的一种：一种含有 1000 毫克对乙酰氨基酚；另一种是安慰剂溶液。1个小时后，药物生效，研究人员此时要求参与者阅读 8 个关于某人经历社会性或生理性疼痛的故事。一个故事中，主人公的父亲去世了。另一个故事中，主人公遭受了严重的刀伤。随后，参与者会对每个故事中他们所感觉到的主人公所受伤害、伤心或痛苦的程度进行评分。服用止痛药的学生针对故事中的主人公承受的疼痛和痛苦所给出的评分一律没有服用安慰剂的学生给出的高。

在第二项研究中，研究人员再次给一组学生服用对乙酰氨基酚，给另一组学生服用安慰剂，然后要求他们想象其他学生在经历两种不同类型的痛苦：一种是生理上的——受到一声巨响的惊吓；另一种是社会性的——在网络游戏中被排挤。同样，服用止痛药的学生对他人痛苦的评分也较低。

这项研究的主要组织者多米尼克·米什科夫斯基（Dominik Mischkowski）总结道："这些发现表明，服用对乙酰氨基酚后，其他人的痛苦对你来说会变得并不重要"；"如果你和你的配偶发生了争吵，而且碰巧你刚刚服用了对乙酰氨基酚，那么这项研究的结果会告诉你，你可能会出现无法理解你做了伤害你配偶感情的事"。

因此，普通的止痛药似乎有社会心理副作用，它会削弱我们对他人的痛苦经历产生共情的能力。确切地说，对乙酰氨基酚降低了我们感受他人痛苦的能力。

　　我们都知道，对不良行为的直言不讳可能带来的社会后果——被嫌弃或被嘲弄，会让人感觉很糟糕。这些研究告诉我们，人们对社会性痛苦，甚至对社会性痛苦的恐惧，是不容忽视的，就像我们不能忽视扭伤脚踝带来的疼痛或严重头痛一样。正如我们将在第五章中看到的，我们被排挤时所感受到的痛苦，其实比生理性疼痛更难被忽视。因为在对不良行为直言不讳之后，我们不是被随便哪个陌生人排挤，而是被我们所在的社会团体的成员——同学、队友、同事，或者我们所在的宗教团体或政党的成员排挤。

克服成本

　　唤醒／成本—回报模型对大多数人在决定是否要采取行动时使用的理性计算进行了描述。如果我们有意识或无意识地得出结论，认为采取行动的风险太高，那么这个结论就会导致我们不采取行动。但有时即使要付出很大的代价，人们也会进行干预，那这么做的人有什么特别之处吗？

　　宾夕法尼亚州立大学的泰德·休斯顿（Ted Huston）和他的同事采访了 32 名在危险情况下（如遇到行凶抢劫、盗窃或抢银行）曾经挺身而出的人，并将他们与没有进行干预的人进行了比较。研究人员发现，那些挺身而出的人之前更有可能接受过某种救生技能的训练，比如急救。事实上，挺身而出的人中有 63% 确实接受过救生培训。与没有进行干预的人相比，他们的个性并没有什么不同，但他们拥有不同的技能。

即使是相对低水平的训练，也能赋予人们在紧急情况下采取行动的勇气。2013 年 5 月，英格丽德·劳尤 - 肯尼特（Ingrid Loyau-Kennett）从伦敦的一辆公交车上奋身跳下，去帮助一名躺在街上并正在流血的男子。然后，她留下来与杀害这名男子的两个人纠缠了近 10 分钟，直到警察赶到。她将自己的行为归因于她作为童子军队长所接受的急救训练。2017 年 3 月，斯图尔特·格雷厄姆（Stewart Graham）在缅因州基督教青年会（YMCA）所在地为一名在附近锻炼时晕倒并从健身车上摔下来的男子实施了心肺复苏术，格雷厄姆将他快速行动并最终挽救了这个人生命的能力归功于他三年前参加的心肺复苏术课程。

这些例子都表明，当人们面临真正生死攸关的紧急情况时，相关技能的培训在提高他们行动的意愿方面发挥了作用。不仅如此，培训还能使人们掌握一些必要的技能，让他们在平凡的日常生活中有所进步——从高中生叫校园霸凌者停手到在兄弟会中抵抗捉弄想加入者的压力，再到对冲基金经理惩罚从事内幕交易的交易员。我们所说的这种培训包括什么？我将在后面的章节中对一些被证实有效的具体方法进行描述。但是，首先让我们来看一看当人们觉得顺从会给自己带来压力时发生了些什么。

第五章　社会团体的力量

2017 年 2 月 4 日，宾夕法尼亚州立大学大二学生——19 岁的蒂莫西·皮亚扎（Timothy Piazza），在 82 分钟内被灌了 18 杯酒，这是兄弟会恶作剧仪式的一部分。当天晚上 11 点左右，他头朝下摔倒在楼梯上，随后昏迷不醒。蒂莫西有严重受伤的迹象，包括腹部有一大块瘀伤。兄弟会的许多成员也都知道他的情况非常糟糕，但是在他跌倒后，一直过了 12 个小时，才有人拨打 911 求助。蒂莫西最终被送到医院，检查出脾脏撕裂、腹部严重出血，并伴有脑部损伤。他最后没有挺过去，不治身亡。

蒂莫西·皮亚扎的死是一场悲剧，但类似的情况并不罕见，几乎每年都有一名大学生因兄弟会入会仪式而死亡。兄弟会的欺侮是由那些被称为大学社团优秀成员的普通年轻人实施的。事实上，蒂莫西之所以决定加入那个可以称得上特殊的兄弟会，是因为它的许多成员都是非常认真的学生，绝大多数来自工程和生物专业。当然，兄弟会也会参与社区服务活动，成员也并不全是冷酷的精神病患者。然而，一个又一个因受欺侮而死亡的案例是那么相似：在场的数个年轻人都意识到了有人遇到了严重的麻烦，需要医疗护理，但是他们什么也没有做。

在第四章中，我对挺身而出对抗不良行为所需要付出的代价进行了分析。面对我们所在的社会群体的成员做出不良行为时，我们直言不讳所需要付出的社会成本可能会比陌生人做出这种行为时更高。也正是这些社会成本阻碍了大多数人对所处群体中的成员所做之事——从欺负新人的兄弟会成员到对冒犯性言论加以嘲笑的同事，公开质疑。代价如此之大，以至于为了保护其他成员，我们甚至会忽略那些真正需要帮助的人。为什么挑战我们所处群体的成员显得如此困难呢？神经科学最近的研究表明，我们遵循社会群体规范的倾向在我们大脑中是固有存在的，所以几乎对我们所有人来说，融入社会群体都比在社会群体中脱颖而出要舒服得多。

顺应带来的社会压力

20 世纪 50 年代，因研究证明了社会压力对从众的影响而被人熟知的先驱心理学家所罗门·阿希（Solomon Asch）招募了一批人参与一项被告知是关于"视觉辨别"（visual discrimination）的研究。这个日后闻名于世的实验的设计其实非常简单：参与者先观察一条基准线，紧接着去观察另外三条线，并确定另外三条用来对比的线中哪一条与基准线长度相同。这是一个非常简单的任务，人们完成这个实验的时候，几乎是不会出错的。

阿希实际上感兴趣的是，人们是否会为了适应所处的群体而给出他们明知道是错误的答案。他招募了一些男性大学生，并以 8 个人为一组来完成这项任务。但实际上，这 8 个人中只有 1 个人是真的参与者，其他人都是由实验助手扮演的。每个人都会按顺序大声地说出自己的答案，参与者排在最后。

在大多数判断线条长度的实验中，参与到实验中的人都给出了正确的答案，但在少数情况下，同一组中的 7 位实验助手被告知需要给出相同的错误答案。我们可以想象一下这种情况：当第一个人经过比对给出了一个很明显是错误的答案时，你差点就笑了出来，因为这个答案错得太明显了，摆明就是错误的。但是，下一个人给出了相同的答案，再下一个人又是这样……在这种情况下，你是什么感觉？更重要的是，你会怎么做呢？

结果显示：在超过三分之一（37%）的实验时间中，参与者给出了错误的答案，以便与小组中的其他人保持一致；至少有一半的参与者在超过一半的实验时间中给出了错误的答案。

这些发现的显著之处在于，参与者和组里的其他人之间并不存在任何特别的适应需求。他们既不是朋友，也不是兄弟会成员，更不是同事。然而，即使是在这样一群陌生人当中，这些参与实验的大学生还是给出了他们明知是错误的答案，以符合群体中其他人的想法。这样的结果让阿希感到非常不安，他写道："我们发现，我们社会中的从众倾向竟如此强烈，以致非常聪明和充满善意的年轻人愿意为此颠倒黑白，这着实是一个令人担忧的问题。"

尽管阿希的研究和许多复证研究都提供了强有力的证据，证明人们有时会为了适应一个群体而给出他们明知是错误的答案，但这种实验范式很显然是人为设置的，给出错误答案的后果也很轻微。如果实验者认为参与者并不擅长判断线的长度，那么大多数参与者并不会对此感到困扰。

那么，如果我们面临的风险更高，或者我们被要求评估的东西对我们来说更重要，更接近我们的自我意识，我们是否就不太可能选择从众了呢？简单地说，这个答案是否定的。随后的研究也表明，社会群体会对我们所有类型的态度和行为产生影响，从我们喜欢的歌曲到我们喜欢吃的食物。

哥伦比亚大学的社会学家就对观察社会规范如何影响青少年的音乐品位产生了兴趣，于是通过网络招募了 1.4 万多名青少年，参与一项关于音乐偏好的研究。他们中的一半人被要求听一些晦涩的摇滚歌曲，并下载他们喜欢的那首。这部分参与者没有收到任何关于这些歌曲的信息，这些歌曲是从一个专门给一些不知名乐队发布自己音乐的网站上下载的。另一半人同样被要求听这些晦涩难懂的歌曲，但在听的同时，这些歌被其他人下载的次数也会被展示给这些人（用来衡量这些歌的受欢迎程度）。得知某一首歌已经被很多人下载过了，这明显增加了参与者下载这首歌的可能性。这清楚地表明，青少年在决定下载哪首歌曲时往往会依赖别人的评价。

所以，我们很关心别人是怎么想的。但同时，我们又不会平等地看待所有周围人提出的观点。多年来，无数研究表明，我们同辈人的意见对我们产生的影响是最大的。英国伯明翰大学的苏珊娜·希格斯（Suzanne Higgs）和利物浦大学的埃里克·罗宾逊（Eric Robinson）发现，当女大学生得知其他大学的女性不喜欢橙汁时，她们对橙汁的喜爱度也会有所降低。然而，当得知大学里的男性不喜欢橙汁时，她们对橙汁的喜爱度并没有受到影响。我们很关心与群体中的人的相处情况——在这个研究中，"群体中的人"是其他大学的女性，并且愿意改变我们自己的观点来适应群体。

从众带来的压力有着巨大的力量，与众不同的个体经常会承担一些消极的后果，如尴尬、羞怯或者来自他人的敌对行为。但是，即使目睹别人被群体拒绝——这大概会提醒我们被拒绝是多么痛彻心扉，同样不能阻碍更高一致性的趋势。

在一个可以有力证明对拒绝的恐惧是如何驱动从众的实验中，研究人员对参与实验的大学生进行了随机分配，并要求他们观看三个幽默视频中的一个。在第一段视频中（"他人的嘲笑"），一个人取笑另一个人的外表，说："他的粉刺在十几岁时就很严重，我们习惯叫他'比萨脸'。"第二段视频（"自我嘲笑"）展示了一个人在取笑自己，说："我的粉刺在青少年时期就很严重，他们以前叫我'比萨脸'。"第三个视频（控制条件）的内容则是一个喜剧演员开了一些不针对任何人的玩笑。

随后，所有的参与者都被要求阅读一些卡通漫画，并需要就每一幅卡通漫画有多有趣给予评价。这些卡通漫画之前已经被其他学生评为"非常有趣"和"一点也不有趣"两个等级。就在参与者为卡通漫画进行评级之前，研究人员将他们的同龄人给这些卡通漫画评级的情况告诉了参与者，但他们被告知的是与实际评级相反的情况。这个时候，参与者自己的评级会发生怎样的变化呢？

那些观看过"他人的嘲笑"视频的人比那些观看过"自我嘲笑"和控制条件视频的人给出了更符合他们同龄人预期的评级：他们认为这部无趣的卡通很有趣。反之亦然。我们从这个实验就可以看到，任何我们发觉可能被嘲笑的东西——某种形式的社会拒绝，都会增加我们从众的倾向。这项研究也为我们提供了一些关于霸凌者如何通过他们的奚落和嘲弄来获得更多顺从的证据。

我们积极主动地学习并遵守我们所处群体的规范，我们害怕直面不良行为所带来的后果，尤其当不良行为是由我们所处的社会群体的成员所为时，这种情况更甚。这抑制了我们在各种情况下（当一个同学分发一份给女同学的身体打分的名单时，当一个亲戚在感恩节的餐桌上使用了一个厌恶同性恋的词时，或者当一个同事在会议上发表了冒犯性的评论时）直言不讳的想法。另外，这也有助于解释宗教和政治团体的成员是如何容忍那些团体之外的大多数人都觉得无法容忍的行为的。

为什么从众的感觉如此好

神经科学家发现了有力证据，能够表明潜在的神经因素会驱使我们产生跟随人群的倾向。伦敦大学学院的研究人员进行了一项研究，分析当参与者认为自己的音乐偏好与专家的偏好一致或不一致时大脑的活动情况。研究人员要求参与者列出 20 首他们喜欢但没有下载的歌曲。然后，他们将每个参与者推入一台功能性磁共振成像仪，播放他们列表中的一首歌曲和另一首他们没有列出的陌生歌曲。随后，参与者被要求从两首歌曲中选择他们更喜欢的一首。然后，他们被告知这两首歌曲中，得到所谓的"音乐专家"更高评价的是哪一首。

研究结果提供了强有力的证据，证明了当我们被告知其他人认同我们的观点时——尤其当这些人被说成知识渊博之人时，我们会感觉非常好。与专家偏爱不同的歌曲相比，当了解到其中一位乐评人认同了他们对某首特定歌曲的喜爱时，参与者的腹侧纹状体（ventral striatum，大脑中处理有益体验的部分）就变得更活跃（这与我们赢钱或吃巧克力时大脑所激活的部分是相同的）。当两位专家都认同参与者的歌曲偏好时，参与者大脑这个部分的活动会更加活跃。这项研究是最先揭示神经机制在引发社会从众性（social conformity）过程中发挥重要作用的研究之一。

另一项研究显示，当我们的观点被同龄人认可时，大脑会以一种截然不同的方式做出反应。俄罗斯圣彼得堡国立大学的安娜·舍斯塔科娃（Anna Shestakova）和她的同事让女性参与者根据面部的照片来对200多名女性的吸引力进行评分。在上报了自己打出的分数后，参与者会被告知其他女性给出的平均分。在一些实验情况中，参与者被告知她们的评分与其他人的非常相似。而在其他实验情况中，她们则会被告知评分存在非常大的不同。研究人员会使用脑电图来观察参与者的事件相关电位——大脑在不同刺激下产生的小电压，以此来评估参与者对别人认同或不认同她们的评分的反应。然后，参与者有机会重新对这些照片进行打分。与此同时，研究人员会观察参与者在重新打分时的大脑活动模式。

正如预测的那样，当参与者认为其他人并不认同她们的评分时，会在重新打分时改变自己的分数，使之与小组的评分更加一致。而更令人惊讶和眼前一亮的，是参与者的神经反应。当参与者被告知她们的评分与其他人的评分不一致时，她们大脑的事件相关电位反应要比她们得知自己的评分与其他人一致时明显更不活跃。当参与者的观点与小组的观点相冲突时，神经反应就会被触发，表明出现了需要纠正的错误。

使用功能性磁共振成像数据进行的研究——这些研究不仅检测大脑表面的电活动[1]，还对大脑不同部分的激活状态做了检测，也得到了类似的结果。在一项使用了与之前描述的流程相似的研究中，研究人员要求女性参与者对其他女性的面部吸引力进行评分，然后向她们展示其他人是如何给这些女性的面部吸引力打分的。功能性磁共振成像的数据显示，当参与者发现她们的评分与其他人不一样时，大脑的喙部扣带区（rostral cingulate zone）和腹侧纹状体会被激活。大脑的这两个部分主要负责处理行为、社会学习和奖励的结果。这项研究中发现的神经激活模式与人们在学习中犯错误时被观察到的模式相似，基本上可以肯定，这种活动模式是大脑在表达"你犯了一个错误，请改正"这个信号时的模式。

当这项研究的参与者意识到她们的评分没有被其他人认可时，会倾向于调整自己的评分，使自己与小组的其他成员保持一致。大脑所发出的提示"错误"的神经信号越强，参与者对评分的调整幅度就越大。正如这项研究的主要组织者瓦西里·克鲁恰列夫（Vasily Klucharev）指出的，这些发现表明，我们的大脑"会在我们变得与众不同时，发出一个很基本的社会错误信号"。这有助于解释我们为什么要随大流：随大流的感觉很好，与群体偏离显然没有这种很好的感觉。

---

1 电活动：人体要维持正常的生命活动，就需要与周围环境不断进行物质交换、能量转化及信息传递，该信号传递的过程被称为"电活动"。——译者注

同龄压力真实存在，尤其是对青少年来说

当你听到青少年的从众心理特别强烈这一说法的时候，可能会觉得在意料之中。但是，它为什么那么强呢？一种显而易见的解释是，大脑中负责冲动控制和判断的前额叶皮层直到我们20岁出头的时候才能发育完全。也就是说，前额叶皮层的不成熟是青少年更容易做出冲动决定和从事危险行为的一个原因。这似乎也让他们特别倾向于在没有深思熟虑地评估选择可能带来的后果的情况下，做出与同龄人相似的行为。

但是，前额叶皮层的相对不成熟并不是青少年强烈从众心理的全部原因。青少年非常注重在某个群体中的归属感，他们经常借鉴和效仿同龄人的着装、态度、举止和行为。这种对群体规范的坚持有助于青少年形成一种不同于其他群体成员的身份，心理学家称这一过程为"规范调节"（normative regulation）。相比成年人，青少年在融入他们的社会群体以避免被拒绝方面表现出了更多的关心：研究发现，与成年人相比，青少年在被同龄人排挤后会有更糟糕的感觉；而反过来，当他们被社会接受时，也会感觉更好。

青少年特别容易向其他同龄人寻求信息，以解释一种模棱两可的情况。在一项研究中，研究人员要求伦敦科学博物馆的游客对日常生活中的风险进行评估，比如在红灯亮时过马路或为了走捷径穿过黑暗的小巷。这些游客被告知由成年人和青少年分别评估得出的平均风险等级，然后被要求对每种情况重新进行评估。事实上，研究人员展示给游客看的平均风险等级都是随机分配的。

与我们之前看到的从众一致，所有年龄组的人在收到其他人的风险等级信息之后都会改变自己的评估结果，从而使自己与其他人的评估结果更加一致。而其中，青少年与成年人相比，更有可能改变他们的评估结果，而且改变得更明显。大多数青少年都会调整自己的评估结果，以更符合成年人的观点。但是，有一个年龄段的群体却不符合这个大趋势：12—14 岁的青少年比成年人更有可能改变自己的评估结果，以更符合青少年的平均风险等级。对于正在形成和定义自己身份的青少年来说，与同龄人相处比其他任何事情都重要。

　　不幸的是，这种融入的欲望会导致严重的后果，甚至危及生命。坦普尔大学的研究人员招募了一些青少年（13—16 岁）、年轻人（18—22 岁）和成年人（24 岁及以上）来玩一种叫作"小鸡"的电子游戏。这个游戏要求参与者在交通灯从绿色变成黄色时决定何时停车。如果交通灯变成了红色，另一辆车就会穿过十字路口，那就存在撞车的危险。每个年龄组都有一半的人是单独玩这个游戏的，另一半则和另外两个参与者一起玩，一同观看并给出何时停止的建议。尽管成年人在群体中玩这个游戏时通常会做出比独自玩游戏时更冒险的选择，但在青少年和年轻人群体中，这一表现更显著。

　　考虑到青少年普遍有冒险倾向，当他们和同龄人在一起时，对融入群体的渴望往往会导致他们做出比独自一人时更危险的行为。例如，如果车上有乘客，十几岁的男孩进行危险的非法驾驶（闯红灯或违规掉头）的可能性就是独自驾驶的男孩的近六倍，驾驶激进行为（超速或尾随）也是独自驾驶的男孩的两倍。如果这些年轻的男孩刚好是和另一名男性乘客一起开车，那这种危险行为发生的可能性将会更大。

但是，是什么让青少年特别容易受到社会的影响呢？神经科学家发现，青少年的大脑本能地会密切关注同龄人的态度和行为。他们认为青春期引起的激素变化会导致大脑发生生理变化，从而增加青少年对社会信息的关注度。

在一项研究中，研究人员在功能性磁共振成像仪的监测下向青少年（13—18 岁）展示了各种照片，其中一些是关于食物和人的无风险中性图像，而另一些则是与风险有关的图像，比如香烟和酒精。每张照片都显示了这张照片可能从其他青少年那里得到的点赞数量，其中一半的照片有大量的点赞，而另一半则有少量的点赞（实际上，对这些照片的点赞数量是随机分配的）。研究人员向两组青少年展示同一张照片，如果他们喜欢这张照片，就点击"赞"的按钮，如果不喜欢，就点击"下一张"的按钮。青少年的评价受到同龄人的影响很大，对于这两种类型的照片，如果图片旁边显示大量的点赞，那他们就更有可能点击"赞"的按钮，而不是"下一张"的按钮。

这种从众的驱动力在大脑中也有很明显的体现。当青少年看到有大量点赞的照片时，他们大脑的某些区域会亮起来，这些区域包括处理社会认知、社会记忆和模仿的区域（楔前叶、内侧前额叶皮层、海马结构和额下回）。同样活跃的还有作为大脑奖励回路一部分的腹侧纹状体。这其实就相当于告诉了你，当孩子们在用色拉布（Snapchat）聊天或在照片墙（Instagram）[1] 上看别人的照片时，他们的大脑中发生了什么。当青少年看到他们认为同龄人喜欢的照片时，他

---

1 色拉布（Snapchat）和照片墙（Instagram）均为社交应用。

们的大脑会告诉他们，"注意了，注意了，这个是要记住的，并且需要再来一次"和"这感觉太棒了"。但同时，青少年的神经反应也因他们所看到的图像类型不同而不同：当他们看到与风险有关的图像时，大脑中与认知控制相关的区域比看到中性图像时更不活跃。研究人员推测，认知控制能力的下降可能会导致青少年参与冒险行为的可能性增加。

一些证据表明，女孩融入群体并希望被同龄人接受的愿望可能格外强烈，这可能是因为青春期的女孩在社会信号感知方面比男孩更加敏感，也更加关注社交互动的动态。男孩更在意大的群体关系和他们具有相对优势的部分，而女孩则更关心同龄人的评价和社会认可，以及整体的人际压力水平，这也可能有助于解释为什么她们表现出更高的抑郁和焦虑概率。

为了检验性别差异下同伴认可易感性背后的神经过程，美国国立卫生研究院和佐治亚州立大学的研究人员招募了一批年龄在9—17岁青春期和青春期前的儿童和青少年，让他们参与一项被告知是关于青少年使用网络聊天室的情况的研究。研究人员要求参与者看40张可能的聊天对象的照片，并评估他们与每个人互动的兴趣。然后，他们将这些聊天对象分为"高兴趣"组和"低兴趣"组。在实验的下一个阶段，研究人员对参与者的大脑进行了扫描。同时，参与者又把这40张照片全部看了一遍，并对他们认为其他人想和这些可能的聊天对象互动的可能性进行了评估。

结果显示，女孩们会特别留意别人是如何看待她们的。当年龄较大的女孩想到同龄人会如何评价她们时，腹侧纹状体、脑岛、下丘脑、海马结构和杏仁核——与社交过程中情绪、奖励、记忆和动机相关的大脑区域，被激活了。当她们想象的评价自己的目标是她们感兴趣的人时，大脑这些部分的激活水平甚至会更高。这种神经反应在年龄较大的女孩中比任何年龄段的男孩都强烈，这表明随着年龄的增长，女孩变得更加关注别人对她们的看法。女孩在青春期会越来越关注复杂的社会动态，这在大脑活动模式中也可以清楚地看到。同时，这也表明她们会更关注同龄人，更担心同龄人对自己的看法。

误解社会规范的后果

想融入社会群体是人类的天性，但我们保持沉默以避免自己显得异于群体的倾向，会产生一种支持当下行为的错觉，而群体中的大多数成员实际上是反对当下的不作为的。正如我们在第三章中看到的，我们可能私下里不同意朋友或同事的做法，但是当我们指望别人来验证或塑造我们的反应时，我们看到的只是人们对现状的支持。人们的感受和他们的行为之间的这种矛盾对立，会让我们遵从一种现实中并不存在的规范。一个生动的例子就可以说明对这种实际并不存在的规范的感知所产生的力量和带来的后果，不幸的是，这种例子在大学校园里经常发生。

许多大学生虽说自己对校园里的过度饮酒行为感到不适，但他们倾向于相信与他们相比，其他学生——包括他们的朋友，在持续过量饮酒这件事情上的接受度更高。不幸的是，这种多数无知的状态（如第三章所述）——大多数群体成员实际上私下有自己的观点和看法，但错误地认为其他人持有不同的观点和看法，可能是非常危险的。因为学生们相信其他人可以接受大量饮酒的行为，这些人可能会表达公众对饮酒的支持，并谈论他们出去聚会和喝醉的那些片段，但他们并不会提及那些没有喝太多酒的时候。这种表达观点的倾向被错误地认为是普遍的，反过来会导致人们认为这些观点其实更普遍，更能被接受。

我在自己的学生身上也看到了这一点，并进行了几项研究来探究导致他们公开表示支持他们实际上并不相信的行为的心理因素。当我开始研究这个问题时，我把目标锁定在了女性的身体形象和她们对体重的认知上，并将其与更广泛的校园标准进行了比较。在我与普林斯顿大学的同事进行的一项研究中，我们询问了所有年级的女大学生有关身体形象和体重的各种问题，包括她们锻炼的频率、锻炼的动机以及她们目前的身高和体重等。我们还向她们展示了根据不同比例进行描绘的九幅不同的女性形象图——从非常瘦（编号1）到非常胖（编号9），并要求她们选出最符合自己理想身材的一幅。然后，我们要求她们使用相同的判断方式去谈一谈她们对大学里其他女性的看法。

我们发现女性自己的态度和行为与她们所认为的同龄人会有的态度和行为存在着很大的不同。首先，参与实验的女性会说自己平均每周锻炼约4个小时，但她们认为其他女性每周锻炼的时间达到了约5个半小时。她们还普遍认为，其他女性锻炼的动机更偏向于外部激励，比如变得更有吸引力、减肥以及锻炼身体，而她们自己锻炼的动机则不是。据她们说，她们所做的锻炼更多的是受内部原因的激励，如应对压力、变得健康或增加耐力。

另外，我们在这项研究中发现的最为显著的一点是，学生们不仅对别人的态度和动机存在误解，甚至对自己的实际体形也存在着误解。我们要求女性报告自己的身高和体重，以及她们对校园里同龄人平均身高和体重的看法。然后，我们计算了两组数据的体重指数（BMI）——一个粗略的体重与身高的比例。这些女性的平均体重指数为22，她们却认为校园里其他女性的体重指数为20.5。此外，大学一年级女学生的自身体重指数与她们对其他女性体重指数的看法之间的差距比高年级女学生的差距要小。在编号 1~9 的图示中评估女性理想体形所得到的数据也是如此，大学一年级女学生在她们自己的理想体形和她们对其他女性理想体形的感知之间存在一个小差距：分别是 3.1 和 2.7，这个差距在高年级女学生中变为了 3.0 和 2.3，较低年级女性差距更大。

坦白地讲，女性在校园里待的时间越长，她们在体形方面的评价就越不正常，这其实让人感到困惑。这项研究是在普林斯顿大学进行的，在那里，几乎所有的学生都住在校园里，并经常在教室、餐厅、体育馆和宿舍这些地方与同龄人互动。也就是说，这些参与研究的女性实际上有很多机会接触校园里的其他女性，并对她们的实际身形和体重有所了解。在这种情况下，你可能会觉得，随着这些参与研究的女性在学校待的时间越来越长，她们给出的评估会越来越准确，而不是偏差越来越大。那又是什么原因使这些女性坚持认为她们的同学不仅比她们瘦，还比她们实际看上去更瘦呢？又是什么导致这种判断偏差随着时间的推移变得越来越明显呢？

原因可能与我们整个社会对"瘦"这件事的关注有关，这种关注会导致女性公开表达符合这一标准的态度，即使这些态度反映的并不是她们的真实感受。例如，她们可能会选择告诉她们的朋友自己吃得非常少（"我今天太忙了，只吃了一个苹果"），或者她们锻炼了多久（"我刚刚在跑步机上跑了45分钟"），反正不太可能告诉别人她们独自吃着奥利奥、不去健身房，或者吃着健康玉米饼，然后仅仅蹬了几下动感单车的那些瞬间。女性倾向于公开分享的行为其实就集中在那么特定的几类，而这种特定的公开分享会造成对真正规范的错误印象——当我们把社交媒体这个因素引入研究后，这一情况似乎进一步加剧了。

这不仅仅是因为女性表达的态度符合社会上现在普遍存在的极致身材的标准，还因为她们在公共场合的行为方式也表明了她们已经接受了这一标准。在许多寄宿制大学，女学生会有意识地注意她们在公共场合所吃的食物［一种被称为"托盘凝视"（tray gazing）的现象］。她们会把盘子里的沙拉、脱脂酸奶和健怡可乐等都堆在一起，因为她们认为自己知道——或者想象得到，其他人正在关注她们的餐食选择。

但是，针对这种围绕极致身材标准进行的公开表达存在一个非常具有讽刺意味的情况，那就是许多学生并没有意识到她们周围的人也在做着同样的事情。她们很清楚自己会在餐厅和其他公共场所表现得言出必行（talk the talk and walk the walk），但之后又会在宿舍里私下享用一袋多力多滋牌玉米片或挖上一两勺冰激凌吃一吃。她们会因为这样的行为感到羞耻和被孤立，却没有意识到几乎所有人都在私下里和她们一样狼吞虎咽着，因为只吃沙拉、脱脂酸奶和健怡可乐可能真的吃不饱，之后会觉得很饿。

这些误解在大学环境中可能会进一步加剧，至少在寄宿制学校里会进一步加剧，因为在这样的环境里，人们会时刻处在其他女性饮食和锻炼行为的公开展示中。为了检验这种趋势是否仅限于大学环境，我和我以前的一个学生进行了一项与之前几乎相同的研究，但这次的研究参与者换成了高中生。我们在美国和英国选择了三所私立、单一性别的高中，并收集了与我们针对大学生进行的研究中类别相同的数据。经过分析，得出的结果实际上与我们在之前的研究中发现的一样：学生们低估了同龄人的体重指数和体形，并错误地判断了其他人锻炼的动机。

感觉自己不符合自己所处群体的规范会给个体带来严重的负面后果，即使这种感知的差异是基于错误的理解产生的。那些觉得自己不符合极致身材标准的女性可能会花费相当多的时间，而且通过不健康的方法，试图去塑造她们所感知到的那种典型形象。在这两项研究中——一项是针对普林斯顿大学的女生，另一项是针对美国和英国的高中女生，一名女大学生或一名女高中生自我报告的身高与其所认为的他人对其身高的看法之间的差距越大，她报告患有饮食障碍问题的概率就会越高，从极度关注减重和瘦到暴饮暴食，这些情况都有。

我们发现的这些情况同样反映在对其他类型的与健康相关行为的研究中。比如，那些（错误地）认为其他学生比他们喝得多的大学生，会不断地增加自己的饮酒量，也会比一般学生更觉得自己与校园生活格格不入，并有更高的概率表示自己对以后参加大学聚会不太感兴趣。还有正如我们将在第七章中看到的，相信其他男人认同关于强奸的错误观点的男人，更有可能做出性侵犯的行为。换句话说，人们会改变他们的行为来坚持他们对规范的看法。但是，他们的看法通常是错误的。

纠正错误规范的力量

通过前面的叙述，我们已经看到人们想融入主流规范的执念，但这也并不全是负面的，从众的驱动力其实也可以让人们明白他们对某些规范的认知是错误的，并以此种积极的方式来影响人们的行为。这种积极的方式其实在高中和大学里都可以经常看到，比如通过向学生们提供关于酒精使用和身体形象更准确的信息来改善学生们的健康状况等。正如我们将在第七章中看到的，这种方法也被用来降低性侵犯的发生率。

我手上刚好有一个纠正错误规范带来好处的例子。普林斯顿大学的克丽丝汀·施罗德（Christine Schroeder）和黛博拉·普伦蒂斯（Deborah Prentice）随机选取了 143 名大学一年级的学生去观看一段7 分钟的描述与酒精相关的社交场景的视频，然后让他们参加一场关于酒精的讨论。研究人员对其中一部分学生讲述了一些常见的对于饮酒规范的误解，还有为什么很多人会认为在校园里饮酒比实际上更普遍，以及这些误解如何影响校园的饮酒文化等。剩下一部分学生则仅仅是被告知过量饮酒的危害和适度饮酒的相关策略。6 个月后，施罗德和普伦蒂斯对学生进行了调查。那些知晓了误解以及误解带来的影响的学生说，与那些仅仅被鼓励养成健康饮酒习惯的学生相比，他们每周的平均饮酒量要少得多。

我自己的研究也表明，纠正个体对各种规范的认知可以降低进食障碍的发生频率。我和我的一个学生珍妮·穆特普尔（Jenny Mutterperl）记录了大学一年级女生进食障碍的发生频率，然后要求她们随机选择两本小册子中的一本进行阅读。第一本小册子提供了如何保持健康饮食和锻炼习惯的一些常规信息，第二本小册子则描述了大学女学生对同龄人饮食和锻炼习惯所抱有的常见误解——认为她们比实际更瘦、吃得更少、锻炼得更多，并解释了这些误解产生的原因。3个月后，我们再次联系了参与者，看看这两本小册子是不是可以改变她们的行为。

结果显示，第二本小册子对其他女性追求极致身材的普遍误解所进行的讲解，对消除参与者在这方面的误解似乎确实有所帮助——至少对一些女性来说是有帮助的。对于那些原本并不十分希望达到杂志和电视上通常描绘的那种极致身材的人来说，阅读第二本关于普遍错误认知的手册会带来更正常的体重以及更低的进食障碍发生频率。这些女性似乎对校园里其他女性的体重有自己更为准确的看法，这使她们在减肥这件事上并没有那么大的压力。但不幸的是，这些好的方面并没有延续到那些在研究开始时就已经专注于实现大众媒体宣传的理想极致身材的女性身上。我们认为，这些女性并没有积极地将自己的身体与同学的身体进行比较，而是与她们在杂志和电视上看到的图像进行了比较。这也就意味着，让她们更多地学习关于校园规范的准确信息实际上对她们的行为是没什么影响的。

我最近的一项研究调查了大学生在心理健康问题上存在的一些误解，尤其是大学生倾向于相信并没有多少同龄人在与心理健康问题做斗争，或者倾向于觉得寻求治疗对个体来说会带来很多社会污点或耻辱。我和我的学生凯特·图雷特斯基（Kate Turetsky）对参与研究的大学生进行了随机指派，让他们去参加三个15分钟研讨会中的一个。第一个研讨会的重点是纠正对校园心理健康帮助的误解，并概述了这些误解如何降低个体寻求帮助的可能性；第二个则提供了关于精神健康障碍和一些误解的常规信息；第三个研讨会的重点是通过压力管理来改善心理健康。2个月后，我们对这三个研讨会对学生态度的影响进行了评估。

　　我们发现，第一个研讨会给出的关于校园心理健康帮助的准确信息，让学生受益最多。在改善寻求精神健康问题专业帮助的态度方面，这个研讨会和普通教育研讨会一样有效，且比压力管理研讨会效果更好。尽管我们的研究没有发现证据来证明：在接收到关于精神健康规范的准确信息后，参与研究的学生中实际寻求帮助的人数增加了，但这可能是我们仅2个月的随访期造成的，随访期太短导致我们看不到这样的效果。先前的研究已经表明了态度在预测行为中的作用，这就说明这些学生将来可能更愿意去寻求心理健康问题的治疗。另外，考虑到大学生自杀事件频繁发生，这种行为上的改变很可能有助于拯救大学生的生命。

局外人的力量

正如我们所看到的，顺应我们所处的社会群体会带来非常大的压力，并且这种压力会清楚地反映在我们大脑活动的模式中。当人们确信他们的沉默是为他们所珍视的那些组织（如他们的教会、兄弟会或政党）所提供的更大利益服务时，面对不良行为保持沉默的意愿就尤其强烈。我们可以看到，当参与者认同米尔格拉姆实验的不同变化版本中那些研究者的目标时，他们更有可能同意研究人员提出的实施会导致参与者痛苦的电击的要求。这种倾向会驱使他们把自己的个人是非感升华，以支持他们所崇敬的机构，从警察到教会都囊括其中。

让我们感到可悲的是，决定忽视甚至积极掩盖群体成员做出的不良行为，这样的事在现实生活中并不少见。我们在天主教会的性侵犯丑闻中就可以看到这一点。一份大陪审团的报告描述了宾夕法尼亚州的教会领袖是如何看待在 70 年的时间里，有超过 300 名牧师对1000 多名儿童进行性侵犯这个事实的。"牧师强奸那些孩子，而几十年来，对牧师负有责任的圣徒不仅什么也没做，还对此视而不见。"报告称，"教会领袖更愿意保护那些施虐者和他们的组织。"我们在美国体操队的医生拉里·纳萨尔身上也看到了这一点，数百位年轻的女性成为他性侵犯行为的受害者。第一个公开谈论这种性侵犯行为的体操运动员蕾切尔·登霍兰德（Rachael Denhollander）告诉《纽约时报》："掠食者依靠团体保护来让受害者保持沉默，并掌控一切。我们对自己的政党、宗教团体、好兄弟、大学或我们群体中杰出成员的责任感，往往会让我们选择不相信或远离受害者。"

这种不愿意公开反对自己群体成员的态度，有助于解释为什么往往局外人才是真正采取行动的那个人。也许说到这里，你会想起那两个骑车去参加派对的瑞典研究生的故事：在看到斯坦福大学的学生布洛克·特纳（Brock Turner）正在对一名昏迷的妇女实施性侵犯时，他们停下来进行了干预。

我在这一章的开头提到过蒂莫西·皮亚扎遭受的兄弟会的欺侮，以及他那些兄弟会的成员普遍表现出的冷漠，但这其实并不是那天晚上所发生之事的全部。

蒂莫西死后，当时的影像资料被翻查，结果发现：一位名叫科尔德尔·戴维斯（Kordel Davis）的学生曾经恳求过周围其他人帮助蒂莫西。科尔德尔告诉美国广播公司新闻（ABC News）："我刚开始的时候就吓坏了。蒂莫西摔倒之后就被放到沙发上躺着，但是我觉得如果他需要的不是躺在沙发上休息，而是去医院，我们应该立刻打911求助。"因为科尔德尔只是一名新生，所以他虽然一再恳求，但是都被周围的人忽略了。并且，他被推到了墙边，有人指责他反应过度，情况已经得到了控制。

那天晚上，是什么促使科尔德尔顶着尴尬和来自兄弟会老成员的嘲笑挺身而出，试图为蒂莫西寻求帮助的呢？一个不能被忽视的原因是：科尔德尔在那一年早些时候的一次兄弟会聚会上也有过摔倒后重伤的经历。当时，尽管他头部受伤、大量出血，但依旧没有人拨打911。因此，他很可能对蒂莫西·皮亚扎产生了很多同情，因为他们都有在兄弟会社交活动中受伤的经历。

但另一个因素可能也起到了一定作用——科尔德尔是兄弟会中唯

一的黑人成员。在某些方面，他可能觉得自己像个局外人，这意味着他在群体中会感觉到更少的从众压力。尽管他的帮助并没有挽救蒂莫西的生命，但它提供了证据，证明确实存在某些因素可以帮助人们减轻来自群体的压力。在这本书的最后两章中，我们将把目光转回到"什么促使人们采取行动"这个问题上，但首先，我们需要把目光放在沉默和不作为普遍存在的三个场景——中小学校园、大学和职场，并思考什么可能会阻碍人们直言不讳，又有哪些改变或培训可能对这种阻碍情况带来些许改变。

霸凌者与看热闹的人 02

第六章　在学校：直面霸凌者

2017 年 6 月 14 日，新泽西州科普兰中学六年级学生马洛里·罗斯·格罗斯曼（Mallory Rose Grossman）抛下了父母、三个兄弟姐妹和一个大家庭，结束了自己的生命。虽然导致她自杀的因素有很多，但马洛里在学校经历的网络霸凌在这个悲剧中显然扮演了极其重要的角色。几个月以来，她的同学一直无情地紧随其后——通过短信、照片墙和色拉布发信息给她，说她没有任何朋友，说她是个失败者。其中就有一条信息，甚至暗示她应该结束自己的生命。

尽管令人难以置信，但马洛里的经历其实并不少见。一项针对因精神健康问题而住院的青少年的调查研究显示，被霸凌的经历与自杀的想法密切相关。遭受口头言语霸凌的青少年有自杀想法的可能性是其他青少年的 8.4 倍，而遭受网络霸凌的青少年有自杀想法的可能性比其他青少年高 11.5 倍。

霸凌似乎是学校生活中免不了会遇到的一个问题，但其实并不一定要这样。在这一章中，我们将对导致霸凌的心理因素，以及使一些孩子能够忍受这种行为的心理因素进行研究。我们还将回顾父母和学校可以用来改变学校文化以消除导致马洛里死亡那样的行为的策略。

围绕霸凌的理解与误解

我儿子安德鲁 10 岁还是 11 岁的时候，有一天，他结束曲棍球训练后回家，告诉我他的一个队友在更衣室里不断地奚落球队里的另一个孩子。我就问安德鲁，他有没有叫那个恃强凌弱的人别闹了。安德鲁被我的问题吓坏了，说他并不想插嘴。为什么呢？因为他不想让那个奚落别人的孩子因为这个转而开始欺负他。

类似的事情经常在更衣室、活动区域和校车上上演。安德鲁虽然知道他的队友所做的是错误的，但是他没有勇气站出来反抗他，因为他对自己可能会面临的后果感到担心。对霸凌行为的研究表明，大多数处于霸凌情境中的学生都是被动地旁观，很多学生选择积极参与霸凌而非尝试阻止霸凌。

约克大学的研究人员对多伦多几所小学 5—12 岁的儿童在活动区域的互动进行了拍摄。然后，他们对 53 个霸凌事件进行了调查，想看看其他孩子如何反应。他们发现，大多数霸凌事件都是在孩子面前发生的：在 80% 的事件中，至少有一个孩子目睹了这一事件，每一个事件平均有 4 个孩子目睹。在超过一半的案例中（54%），不属于霸凌目标的孩子被动地看着霸凌进行。在 21% 的案例中，非霸凌目标的孩子加入了霸凌者的行列，并进行了某种形式的身体或语言攻击。年龄较大的男孩——小学四至六年级的男孩，比年龄较小的男孩或任何年龄段的女孩更有可能积极地加入霸凌者的行列。

仅在 25% 的案例中，出现了儿童对霸凌行为进行干预、阻止的情况。小学一至三年级的女孩和男孩比年龄稍大的男孩更容易实施干预行为。尽管这项研究没有直接对实施干预的孩子的年龄和性别因素进行考察，但其他研究表明，儿童对霸凌受害者的同情会随着年龄的增长而下降，女孩比男孩更有可能注意到霸凌事件，并将其理解为紧急事件而进行干预。

这种不愿意对霸凌目标提供支持或对抗霸凌者的情况并不少见，因为霸凌者通常处于社会等级的顶端。一项针对洛杉矶的中学生的研究表明，霸凌行为提高了儿童的社会地位和受欢迎程度，那些被同龄人视为"最酷"的人最有可能表现得咄咄逼人。加利福尼亚大学洛杉矶分校的心理学教授贾娜·朱沃宁（Jaana Juvonen）对这种情况进行了总结："酷的人会有更多的霸凌行为，而有更多霸凌行为的人被视为酷。"

霸凌还在继续，因为学生们相信他们的同龄人能够接受这种行为。当看到其他孩子被霸凌时，许多学生会在私下里表现出恐惧，但他们会把其他人的沉默误解为缺乏关心，甚至是一种默认的支持，这就是第二章所概述的错误逻辑。威廉姆斯学院的玛琳·桑德斯特罗姆（Marlene Sandstrom）和她的同事让 446 名四年级和八年级的学生描述他们对霸凌的态度，以及他们对同龄人态度的看法。这些孩子还被问及，如果目睹了一起霸凌事件，他们会有何反应。正如研究人员预测的那样，学生们一直低估了同龄人对霸凌的反对态度（认为霸凌是错误的，并且对敢于面对霸凌的学生表现出尊重），并认为他们个人在面对霸凌时，会持有比他们的同龄人更加消极的态度。

八年级的学生所展现出的"自我—他人差距"比四年级的学生更大，这一结果与其他研究得出的结果一致。其他研究的结果显示，青少年时期对同龄人反对霸凌态度的低估会更严重。而那些认为自己的同龄人比自己更赞同霸凌行为的学生也不太可能为受害者提供保护，反而更有可能加入霸凌者的行列。另外，个体对霸凌行为进行冷漠回应的倾向也会随着年龄的增长而增加，部分原因是青少年会更加担心与同龄人不在同一个轨道上所带来的社会后果。

研究人员发现，那些相信同龄人会对霸凌行为进行干预和阻止的学生更有可能挺身而出对霸凌进行干预。事实上，一项对5000多名初中和高中学生的研究显示，对社会规范的感知和察觉，其实比学生报告的相信自己会挺身而出的信念，更能预测学生对霸凌进行干预的可能性，做出符合群体价值观的行为要比蔑视群体并招致负面社会后果容易得多。

这项关于霸凌和规范的研究表明，减少霸凌最有效的手段可能并不是强调霸凌可能带来的不良后果，而是直面群体规范——让学生准确地了解同龄人对霸凌的态度。许多学生担心，如果他们直面霸凌者，就会遭到社会的拒绝；或者，如果他们报告自己看到或听到的，就会被视为"告密者"。帮助学生理解为什么他们可能想象他们的同龄人比他们实际上更少受到霸凌的困扰——通过解释人们如何以及为什么会做出不符合他们真实感受的行为，应该可以让他们对主流规范形成更准确的信念。那些理解其他学生反对霸凌并尊重对抗霸凌者的态度和想法的学生，可能就会觉得自己也是有能力直面霸凌并对这种行为说"不"的。

谁能对抗霸凌？

2007年秋天，在加拿大东部新斯科舍省的一个小镇上，中央国王乡村高中的一个九年级男生在开始高中生活的第一天，为自己选择了一件粉色的衬衫。这个选择似乎并没有让他变得很受其他学生的欢迎，有几个学生还说他是同性恋，并威胁说要揍他。同一所高中的两个十二年级的学生，大卫·谢博德（David Shepherd）和特拉维斯·普莱斯（Travis Price），在听说了这一霸凌事件后，决定采取一些措施阻止事件继续发展。"我只是觉得这件事要适可而止。"大卫说。随后，他们组织了一场他们称为"粉色海洋"的活动。两个人在当地的折扣店买了50件粉色衬衫，然后给同学们发了一封电子邮件，在电子邮件中对这场他们组织的反霸凌活动进行了描述，并在第二天早上上学的时候把这些衬衫发给了同学们。这个被霸凌的学生到达学校时，看到数百名学生穿着粉色的衣服。特拉维斯描述了这个被霸凌的男孩的反应："终于有人站出来支持这个弱小的孩子了……看起来好像有一个巨大的包袱从他的肩膀上卸了下来。"大卫和特拉维斯的干预显然带来了一些改变：从那之后，那些霸凌者再也没有动静了。

这个故事证实了一个在探究谁能对抗霸凌研究中的一致发现：拥有某种社会资本的学生正是可以对抗霸凌的人，这种社会资本包括同伴的支持、教师的支持和拥有社会技能。一项针对六年级学生进行的霸凌行为调查研究发现，为霸凌受害者提供保护的人通常都拥有比较高的地位。虽然导致大卫和特拉维斯采取行动的具体原因尚不清楚，但这些男孩都是高年级学生，在高中享有一定的特权。这样的学生不太关心采取反霸凌行动的后果，比如遭到报复或不受欢迎等，因为他们在校园社会等级中的地位已经确立。这种已经确立的地位给他们带来了自在和舒适感，也给了他们勇敢面对霸凌者的勇气。

看到这里，你可能正试图将这一发现——受欢迎的孩子更有勇气直面霸凌者，与本章前面的说法——霸凌者往往很受欢迎，进行核对拼凑。不用感到迷惑，因为加利福尼亚大学戴维斯分校的罗伯特·法里斯（Robert Faris）和宾夕法尼亚州立大学的黛安·费尔姆勒（Diane Felmlee）所进行的研究已经精确地检验了这个问题，他们使用了来自北卡罗来纳州 19 所初中和高中的 3500 多名学生的纵向研究数据来检验霸凌行为和学生地位之间的联系。这项研究中的霸凌行为包括身体行为，如打人和推搡别人，以及一些更难以描述和分析的行为，如散布谣言和骂人等。

先听一个好消息：在收集数据的 3 个月里，三分之二的学生是没有遭受霸凌行为伤害的。

不太好的消息是，从校园社会等级的中间段开始，随着学生在等级中的位置上升，最高到 95% 左右的位置，在这个区间内，随着位置一同上升的还有被同龄人欺负的概率，增加了 25% 以上。但是，如果高于这个水平，霸凌的比例又呈现出显著的下降趋势。如何解释这些发现呢？研究人员认为，学生会利用霸凌行为来获得（或者至少是保持）社会地位和权力。他们会折磨其他一些受欢迎的同龄人，但是一旦达到了社会等级的顶端，他们就不再需要捍卫自己的地位了。研究的主要组织者罗伯特·法里斯说："如果地位就是金钱的话，这些人就好比比尔·盖茨——他们的地位非常安全。他们不再需要为了爬上社会阶梯而折磨自己的同龄人——这是那些还在争夺地位的人常用的手段，因为他们已经处在校园社会等级的顶端了，目之所及的范围内没有任何对手，所以他们自然也不会成为霸凌行为的受害者。"

用反霸凌活动家罗布·弗雷内特（Rob Frenette）的话说："霸凌更像是一种社会工具。"只有处于社会最高层的少数学生，以他们的受欢迎程度来说是安全的。因此，他们才有可能站出来为那些被霸凌的人提供保护或进行干预，而这些善举甚至又可以进一步巩固他们的社会地位。

那除此之外，还有什么能让人更有意愿对抗霸凌者呢？自信。自我效能感高的人，也就是对自己成功实现目标的能力有信心的人，更有可能对霸凌事件进行干预。从某种程度上来说，这并不奇怪。自我效能感包括在群体环境中表达观点和结交朋友的信心，这是青少年愿意保护受霸凌同伴特别重要的一个潜在因素。那些对自己所做出的阻止霸凌者的努力充满信心，且坚信自己会成功的学生更有可能采取行动。另外，自信的孩子可能也不太担心自己会成为霸凌者的目标。

最后，对自己的社交技能有信心的学生能够更好地抵抗霸凌行为。东伊利诺伊大学的研究人员调查了为霸凌行为受害者提供保护的中学生共有的特点。近300名学生回答了关于在过去30天里他们为某人提供保护的频率的问题，如告诉其他学生关于这个人的传言是假的。他们还被要求评估对自己社交技能的信心，包括沟通、自信和共情。那些认为自己从同龄人那里得到更多支持的学生说，他们会更频繁地对霸凌行为进行干预以保护霸凌的受害者。这部分学生从挑战不良行为的举动中体验到的社会风险较小，因此可能更愿意挺身而出。

那些抵制霸凌的学生的另一个特点是对自己的社交技能有信心。这么说是有一定道理的，因为对抗霸凌其实并不容易。实际上，对抗霸凌需要几种不同类型的技能，包括对受害者感同身受的能力、对霸凌者采取果断行动的能力、抵抗嘲弄的能力，以及针对为什么霸凌者的行为需要停止进行有效沟通的能力。

减少霸凌的策略

我的三个孩子都参加了一个夏令营，这个夏令营的口号是"把他人放在第一位"。当然，这个营地不论过去还是现在，都保有很多其他堪称伟大的传统（口号），包括"不能使用电子设备"等。但对我而言，这个夏令营的口号是最精彩的部分之一。而且，它并不仅仅停留在向焦虑的父母推销的层面。口号真实地体现了该组织想帮助儿童和青少年学会从另一个人的角度看待问题的决心。最有效的反霸凌项目试图去创造的应该是这种氛围。在这种氛围中，学生们会彼此产生真正的共鸣，从而避免让自己陷入霸凌中，并在他们目睹这种行为时挺身而出。

让我们来寻找一些父母和学校可以给孩子当作工具或步骤的策略，使孩子可以对抗霸凌者。在电影《巧克力》中，新到一个小村庄的年轻牧师佩雷·亨利（Père Henri）发表了一篇旨在将人们聚集在一起的复活节布道，这与在他之前待在村里的那位牧师喜欢的分裂性信息形成了鲜明的对比。他的话完美地说出了改变人们寻找价值的方式所蕴含的巨大价值，从排斥他人到包容他人："我认为我们不能用我们没有做的事来衡量我们的善——不能用那些我们拒绝的、抗拒的事和排斥的人来衡量。我认为我们的善，必须通过我们拥抱了什么、创造了什么以及接纳了谁来衡量。"那些霸凌情况已经消除，或者至少大大减少的学校，无疑是培养了一种与包容和积极行动相一致的理念和学校文化。

为旁观者提供培训

虽然霸凌在许多学校普遍存在，但它并不是不可避免的，在那些实施全面反霸凌计划的学区已经可以看到实质性的改善了。一项对12个基于学校展开的霸凌预防项目的分析显示，专门针对旁观者角色进行的项目会促使学生干预行为的增加，这些项目涉及从幼儿园到十二年级的近1.3万名学生。

柏林理工学院的研究人员对卢森堡五年级、六年级和七年级学生中的霸凌发生率进行了研究，并对其中22个接受过基于课堂进行的结构化旁观者干预培训项目的班级和26个没有接受此培训的班级进行了比较。培训描述了旁观者不作为的危害，培养了共情和社会责任感，并教孩子们通过实际活动和角色扮演来应对攻击性行为。培训由一般的任课老师（老师们都接受了16个小时的培训课程）来完成，计划培训频率为每周两节课，总共16—18个小时的总培训时长。

学生们在接受培训之前和之后，分别回答了关于目睹言语、身体和关系攻击行为（relational aggression）频率的问题。学生们还被问到，在多种情景下，如果目睹了霸凌行为，他们打算如何干预。其中的一个例子是："想象一下，你去学校的活动区域玩的时候，看到一个和你同龄的男孩独自一人站在那里。突然，另一个男孩走了过去，对站在那里的男孩一顿猛推，把他推倒了好几次。原本站在那里的男孩并没有反击或自卫，而是试图远离推他的人。但是这个时候，推他的男孩一把抓住了他，并开始用力打他。"另外，研究人员还评估了任课老师在课堂上实际花在这些培训材料上的时间（有一部分任课老师仅花了2—4个小时去讲述这些培训材料，而另一些则花了13—18个小时去讲述），以及教师认为他们的讲述覆盖了多少培训手册上提供的材料。

然后，我们先听一个好消息：在为期3个月的跟踪调查中，接受培训项目更长时间、更深入的学生所报告的受霸凌率更低。而这部分学生也不太可能在目睹霸凌行为时消极地袖手旁观，如忽视或走开等。

不好的消息肯定也是有的：即使是高强度且漫长的培训，也不能帮助学生们真正地对抗霸凌者。尽管这一发现令人失望，但它确实也指出了让人们肩负挑战霸凌者不良行为所带来的社会（或许还有身体）后果之困难。

在针对培训效果的调查研究中，研究人员发现，当培训项目针对的是那些难以描述（或分析）的攻击或恐吓形式时，似乎可以取得更好的效果，而这种攻击或恐吓往往是霸凌的前兆。这种类型的关系攻击行为，如戏弄、辱骂、散布谣言和其他排斥性的闲聊，对受害学生来说就像身体上的霸凌一样令人痛苦，但老师或其他学生可能并不会觉得这种类型的行为会给人带来多大伤害。

威奇托州立大学和华盛顿大学的研究人员对名为"尊重的步骤"的反霸凌项目的有效性进行了调查，该项目主要强调抵制恶意流言和社会排斥等难以描述或分析的霸凌的重要性。这个项目包括了对学生和老师进行的两个方向的培训，教导他们在目睹关系攻击行为时应该如何应对。学生们被告知，报复往往会使不良行为升级，所以更好的选择是果断地告诉霸凌者"住手"。另外，他们还被教导要明白，即使沉默的旁观者，实际上也并不赞同正在发生的事情，也可能会有一些无意的暗示，对霸凌者起到了支持的作用。研究人员用 Palm Pilots（一种微型掌上电脑）对西雅图地区 6 所不同小学三到六年级的学生在活动区域的不间断活动进行了观察并做了电子记录。该行为在秋季持续了 10 周，然后在反霸凌项目实施后的春季又持续了 10 周。研究人员对所有诽谤或贬损其他学生的行为进行了统计，比如，"那个长得不错的女孩是你班上的吗？"或者"你听说丹考试作弊的事了吗？"

研究者的发现非常振奋人心：恶意流言的比例总体下降了 72%。这意味着这段时间内的流言蜚语较之前少了 234 个，学生成为流言攻击目标的情况少了 270 个。鼓励儿童对这些初级霸凌行为做出反应可能有助于他们学习到一些技巧，从而使他们更容易对公开的霸凌行为做出更有效的反应（也更愿意做出反应）。这也可能会改变学校的氛围，减少学生间的排挤行为，以进一步减少霸凌。

学校文化的改变

到目前为止，我主要关注的是社会规范在阻止人们反抗霸凌方面所起的作用，但其实规范本身也可以用来减少不良行为。韦斯利·珀金斯（Wesley Perkins）和他在霍巴特学院和威廉史密斯学院的同事进行了一项实验，试图利用海报活动来改变新泽西州 5 所不同公立中学的霸凌常态。这些学校的学生总是误解霸凌行为的普遍程度和他们的同学对此的看法。一方面，他们认为支持霸凌行为的规范和实际上的霸凌行为发生率比他们现在看到的更普遍；另一方面，这些认为支持霸凌的规范更普遍的学生，也持有一种更支持霸凌的态度，并且更有可能参与霸凌行为。

为了努力消除这些误解，研究人员在这些学校周围张贴了大幅海报，以展示每所学校的学生对霸凌行为的真实感受。海报上的信息简单明了——学校名称在海报上被做了淡化处理：

· 大多数_____中学的学生（四分之三）不会将某个人排除在某个群体之外，让他产生不舒服的感觉。

·95% 的_____中学的学生表示，学生不应该以一种刻薄的方式戏弄、辱骂他人，或者散布关于其他学生不友善的言论。

· 大多数_____中学的学生（十分之八）认为，如果他们或其他人在学校遭到霸凌，应该告诉老师或辅导员。

这些海报被悬挂后收集的数据显示了这种简单的反霸凌策略带来

的显著且积极的效果，关于霸凌行为和学生受害的报告应声减少。这些变化在那些看过海报的学生人数多的学校里最为明显：在大多数学生都记得自己看过海报的学校里，霸凌行为减少了约35%；而在最少学生看过海报的学校里，这一比例为26%。这些发现表明，减少校园霸凌的一个策略可能是简单地改变学生对同龄人如何看待霸凌的看法和态度。

学校内部的社会规范也可以通过针对少数精心挑选的学生量身定制的计划来改变。普林斯顿大学、罗格斯大学和耶鲁大学的一个研究小组对在学校培养特别有影响力的学生（所谓的"社交红人"）是否能有效地改变霸凌行为进行了研究。他们希望的是，如果这些学生能够被说服采取强烈的反霸凌态度，那么他们的影响力和态度也将塑造他们周围同龄人的态度和信念。

研究人员随机选择了新泽西州的一些中学，在学年开始或结束时（以便在第二年实施）开展一个名为"根"的基于同龄人开展的反霸凌项目。研究人员会使用一种被称为"社会网络关系图"（social network mapping）的技术来识别与学校其他学生联系最密切的孩子。学生们被要求列出10个和他们相处时间最长的学生的名字，这样，研究人员就能够确定哪些学生拥有最广泛的社交网络。这些孩子与其说是最受欢迎的孩子，不如说是与其他孩子联系最广泛的孩子。总的来说，最有影响力的学生一定拥有成熟的社交网络，而且基本都有较富裕的家庭。

接下来，每所学校的22～30名"社交红人"被邀请加入"根"项目。该项目对他们进行同伴冲突管理的培训，并支持他们发起全校范围的信息传递活动。"根"项目非常强调个人自理性（personal agency），所以学生们都得到了一些反霸凌活动的材料以帮助他们设计活动模板。一个小组在照片墙上创建了"#iRespect"（尊重）的标签来强调宽容，并在学校周围悬挂了带有这个标签的彩色标志。另一个小组设计了一个带有"根"项目标志、颜色鲜艳的橡胶腕带，当"根"项目的成员看到学生介入并阻止冲突或帮助其他学生时，他们都会给该学生一个带有标签的腕带，上面写着："一名'根'项目的成员发现你正在做一些伟大的事。"还有一个小组组织了为期一天的"根"节，学生们通过张贴海报、发放腕带和赠品来宣传"根"项目。他们还鼓励学生们在请愿书上签字，声明他们会为学校里的其他人做些好事。所有这些活动都有助于将学生聚集在一起，并强调了积极行为带来的好处。

到年底时，研究人员对实施"根"项目和未实施"根"项目的学校的学生冲突发生率进行了比较。

结果表明，"根"项目非常成功：实施"根"项目的中学，其学生发生冲突和违反纪律的报告减少了30%。尽管该项目只为大约10%的学生提供了培训，效果依然如此显著。普林斯顿大学的心理学教授伊丽莎白·帕洛克（Elizabeth Paluck）是这项研究的首席研究员，她指出："你可以用一种精明的方式瞄准特定的人进行信息的传播，这些人——你应该瞄准的社交对象，应该是更容易被同龄人注意到的人，他们的行为也应该可以给群体中的其他人释放一种正常和理想的信号。"

"根"项目还有一个很棒的地方：它比大多数方法更容易实现，

因为它不需要向所有学生传递反霸凌的信息。相反，"根"项目依赖于培训相对较少数量的特别挑选的学生（比如，5%~10%的学生），然后让他们在学校范围内创造和传递学校范围内的信息。类似的方法，比如在指定的群体中，通过培训少数受欢迎的人，让他们来传递信息，已经被证明可以促进其他类型的社会变革，如更安全的性行为和更少的偏见。

KiVa 计划

所以，如果你能让那些酷酷的孩子使霸凌变得没有看上去那么酷，你就能改变学校文化。但是，大多数阻止霸凌的方法根本不能真正解决霸凌的问题，它可能只会让我们变得比之前更加友善。

KiVa 是最著名的减少霸凌的项目之一，该项目是在芬兰开发的。（在芬兰语中，短语"Kiusaamista Vastaan"的意思是"反对霸凌"，单词"kiva"则是"好"的意思。）这个项目包括讨论、小组活动和短片观摩，旨在通过提高学生的共情、自我效能和反霸凌态度，减少消极的旁观者行为，增加对受害者的保护行为。其中包括了旨在提高学生共情能力的角色扮演练习环节，还有要求学生思考在特定情况下如何进行干预的电脑游戏和模拟环节。学生会控制遇到各种霸凌情况的卡通形象，并选择是否以及如何行动。在其中一项练习中，学生被要求想象看到一个孩子把另一个孩子一把推到储物柜上，然后让他们描述在目睹这种情况时会做些什么。在另一项练习中，他们被要求思考如果一个新生试图交朋友，他们会怎么做。这种方法可以让学生尝试不同的选择，并获得自信，知道在未来可能遇到的霸凌情况下该做什么。它还能培养共情能力，增加对受害者的支持。

当然，最重要的是，KiVa 是有用的。事实上，对全球 53 个反霸凌项目的元分析发现，KiVa 项目是最有效的项目之一。没有实施这个项目的学校的学生所报告的被霸凌可能性几乎是实施了这个项目的学校的两倍。虽然这个项目始于芬兰，但现在它在意大利、荷兰、英国和美国都得到了相当广泛的应用。

KiVa 项目也带来了更广泛的精神健康改善。一项针对芬兰 77 所小学 7000 多名学生进行的研究，比较了实施 KiVa 项目的学校学生的自尊和抑郁率，以及那些向学生们提供了一些如何减少霸凌的信息，但没有使用全面性措施的学校学生的自尊和抑郁率。KiVa 项目与较高的自尊水平和较低的抑郁率相关联，并且对那些经历过严重霸凌行为的学生特别有益。尽管这是个意料之外的发现，但研究人员认为这个项目提高了教师应对霸凌的能力，也提高了学生同情和支持霸凌受害者的能力，这反过来使有相关经历的学生在学校环境中感受到了更多的支持。这项研究的主要组织者贾娜·朱沃宁说："KiVa 的美妙之处在于，作为一个以学校为范围开展的计划，它对最需要支持的孩子起到了最大的作用。"

建立牢固的关系

另一个有效地减少霸凌的策略是培养学生和老师之间的紧密关系。如果学生感觉得到了成年人的支持，则更有可能举报不良行为。这使得工作人员和教师能够及早地对不良行为进行干预，而那些认为老师支持、鼓励和接受自己的学生也更有可能为霸凌的受害者提供保护。因此，学校应该优先帮助教师与学生建立相互关爱的温暖的联系。

当成年人忽视或忽略不良行为时，学生就会认为没有理由去举报它——因为学生找不到理由相信会有人采取行动来阻止霸凌的发生。并且，霸凌者也会觉得自己被允许继续实施此等行为。另外，那些认为霸凌是正常现象、是青少年早期生活的一个事实的教师，本身就不太可能对霸凌行为进行干预。而这种态度会让他们在学生中树立不作为的形象，他们的学生反过来也可能遭受更多霸凌。认为受害者应该自己扛过去的教师也会在无形中营造出一种课堂氛围，让学生没有办法与受害者共情，也更不愿意进行干预。因此，老师们对霸凌的看法会在整个学校产生连锁反应，不管是好是坏。

研究人员从美国东南部条件较差的公立学校的六年级和九年级学生那里收集了关于他们与家庭成员、同龄人和老师的关系的数据，这些数据生动地说明了学校文化如何影响学生对霸凌的反应。研究人员要求这些学生阅读8种描述不同的攻击行为场景的文字，比如网络霸凌、被社会群体拒绝、取笑和恶意中伤他人。随后，学生被要求评估他们对每个场景中行为的可接受程度，以及以某种方式进行干预的可接受程度。他们还被要求评估他们对每个行为做出反应的可能性，以及他们会做什么。比如，他们会直面实施霸凌的人吗？他们会走开吗？学生们还回答了一系列关于他们家庭和学校的问题。比如，他们家里规矩多吗？如果他们违反了这些规矩会发生什么？他们喜欢自己的老师吗？他们在学校受到公平对待了吗？

学生与其他人的关系对他们所报告的自己将如何回应霸凌行为有

着很大的关联。那些感到被老师歧视和／或被同龄人排斥的人不太可能表示他们会对霸凌行为进行干预和帮助被霸凌者，反而更有可能表示自己会忽视这一行为，而那些认为自己与老师的关系良好的人更有可能表示站出来行动。这些发现与其他研究的结果一致。这些研究表明，感受到一种联系感会增加学生干预并阻止霸凌的意愿。因此，在学校建立更强的联系感——积极地促进相互尊重、分担责任和社会包容，可能会非常有助于消除学生间普遍表现出的那种冷漠。与可信任的老师一起，打造一个支持性的学校环境，有助于增强学生向成年人举报霸凌行为时的舒适感，同时给了学生挑战霸凌者的勇气。

这项研究还指出了良好的家庭关系的价值。报告称，感觉与家人关系密切的学生更有可能表示出进行干预以阻止霸凌者的意愿。与成年人保持良好的关系，无论是在家里、学校还是其他地方，似乎都能增加青少年挺身而出的意愿。"这项研究告诉我们，家庭和学校在帮助学生认识到霸凌行为属于不恰当行为并采取措施进行干预中有格外重要的作用。"北卡罗来纳州的教授兼这项研究的主要组织者林恩·马尔维（Lynn Mulvey）说："它强调了良好的学校环境和优秀教师的价值，以及在解决霸凌问题时，家庭支持的重要性。"

本章开头描述了马洛里·罗斯·格罗斯曼所受的霸凌，以及她所在学校的学生、教职员工和管理人员是如何普遍忽视这一行为的。想象一下，如果在一所学校里，学生们乐于向老师讲述他们所目睹的行为，并在面对霸凌者时挺身而出，那么这个故事的结局会是多么不同，学校文化的改变很可能会挽救马洛里的生命。

第七章 在大学：减少不当性行为

1844 年，在耶鲁大学成立的德尔塔·卡帕·艾司隆（DKE）兄弟会是美国最古老的兄弟会之一。DKE 为其社区服务和领导文化感到自豪，许多重要的政治家和商人都是其成员，包括 6 位美国总统、5 位副总统和 4 位最高法院法官。老乔治·布什（George H. W. Bush）总统和小乔治·布什（George W. Bush）总统以及最高法院法官布雷特·卡瓦纳（Brett Kavanaugh）都来自耶鲁大学分会。

然而，多年来，该兄弟会全国各地分会中的许多成员却都参与了一些高度公开的不良行为，从对新加入兄弟会的成员撒尿到攻击（甚至强奸）妇女等。2010 年 10 月，DKE 兄弟会的成员蒙着眼睛站在耶鲁大学妇女中心外，高喊非常粗俗的口号。这一事件之后，该兄弟会被禁止进入校园整整 5 年。

2016 年，DKE 兄弟会回到耶鲁大学时，成员们谈到了他们从这次经历中学到的宝贵经验。正如当时的 DKE 兄弟会会长卢克·皮舍蒂（Luke Persichetti）对《耶鲁每日新闻》的一名记者所说："我认为制裁对我们兄弟会的文化产生了积极的影响。我们目前的成员对那段禁令的历史都有所了解，禁令在那之后发生的文化转变中发挥了重要作用。"

然而，所谓的"积极的影响"似乎是短暂的。仅仅 5 个月后，耶鲁大学责令皮舍蒂停学三个学期。此前的一场纪律听证会认定他犯有性侵罪，原因是他在DKE之家的卧室里与一名女子发生了关系。在禁令解除后的两年时间里，还有8名女性对DKE兄弟会成员的不当性行为进行了投诉。

从某种程度上来说，关于全男性团体（兄弟会、运动队、乐队、军队）参与不良行为的报道并不令人惊讶，或许更令人惊讶的是，这种不良行为甚至在大多数兄弟会或团队的其他成员并不支持的情况下仍在继续。研究表明，实际上只有极少数男性真正实施了性侵犯行为。但问题是，他们的同龄人很少对此种行为进行干预。本章将对导致男性错误地认为他们的同龄人既支持又参与不正当的性行为的因素进行描述，并对大学和高中可以用来帮助学生以不同的方式思考并采取行动阻止这种行为的策略进行探讨。

全男性群体的危害

全男性群体与针对女性的性暴力之间的联系已是公认的事实。参加全男性群体的男性——最值得注意的是运动队和兄弟会，展现出了对性暴力行为更积极的态度，更容易接受关于强奸的错误观念，也更具性攻击性的行为。同时，他们也更有可能使用酒精、毒品和口头胁迫与不情愿或不同意的女性发生性关系，并更有可能实施性侵犯。

一项对 30 所 NCAA[1] 一类大学的研究发现，尽管男性运动员只占学生总数的 3%，但他们所实施的性侵犯行为占了校园所有性侵犯案件的 19%。

美国东南部一所大型 NCAA 一类公立大学的研究人员招募了男性大学生来完成一项关于对女性的态度、对强奸错误观念的接受度和性行为的在线研究。与非运动员相比，运动员对性别角色有着更传统的看法。比如，他们认为女性应该少在拥有平等的权利方面花心思，多把心思放在成为好妻子和好母亲上。他们也更加相信关于强奸的那些错误观念，比如如果一个女人喝醉了或者没有反抗，那就不是强奸。最重要的是，运动员更有可能参与性胁迫行为（当伴侣不想做爱时，坚持让伴侣做爱，或使用威胁和武力强迫对方）。54% 的运动员表示曾经有过以上行为，而非运动员的比例则为 38%。

为什么运动员和兄弟会成员会在与女性的关系中展现出如此不寻常的"掠食性"呢？

一种解释是，这种群体里的男性自然会以更加物化的方式看待女性。凯尼恩学院的研究人员拍下了所有兄弟会成员和非兄弟会成员卧室内可以被看到的女性的照片，包括海报、广告和电脑的屏保等。他们发现，相较而言，兄弟会成员的卧室内有相对更多的女性形象展

1　NCAA（National Collegiate Athletic Association）：美国负责管理大学体育运动的最高机构，拥有有关大学体育规则的制定权、解释权和仲裁权。其会员包括加盟的院校和各个大学的运动联盟。NCAA 将体育比赛和高等教育相结合，为运动员提供终身受益的高等教育机会。凡是加入 NCAA 的会员学校，都必须遵守会员规则，服从联合会的决定。——译者注

示，尤其是有更多的关于性和有辱人格的形象展示。有许多图片来自各种杂志，比如《花花公子》《马克西姆》(Maxim)和《数字时代》(Stuff)等，这种杂志都把女人描绘成性玩物。

我们很难说清楚贬低女性的态度和兄弟会或运动队成员的身份，哪一个对群体中的男性来说更重要，但不管怎样，先前提到的那种倾向并不足以支撑我们对这个问题的解释。心理学家发现，花很多时间在全男性群体中会增加年轻人有性攻击行为的可能性。在一所大型州立大学，研究人员询问了一些目前大三且从第一年就加入兄弟会的男性。这些男性报告称，在参与性行为的同龄压力方面，他们比非兄弟会成员的男性更大。而且，他们更有可能相信其他人会对性攻击行为持赞成态度，比如灌醉一个女人，然后和她发生性关系等。因此，重要的不仅仅是那些倾向于将女性物化的男性对全男性群体的选择，在这些群体中度过的时间也同样重要。

对于全男性群体的成员身份和对性攻击行为的赞同态度之间的联系，另一种解释是，这些群体会直接或间接地要求夸大理想化的男子气概，并对此施加压力。一项针对29项研究调查进行的元分析，研究了大学生参与运动、兄弟会成员和性侵犯之间的联系。结果显示，加入任何一种类型的男性群体都与较高水平的男子气概相关。这些所谓的男子气概包括愿意承担风险、强硬和好斗。

兄弟会或运动队的成员似乎形成了一种既定的观念——特定类型的行为会在群体中引起重视，所以属于这些群体的男性可能会因此感受到很大的压力，从而物化女性，并做出冒险的行为，如大量饮酒或与多个伴侣发生性关系。一项对东南部一所大型州立大学学生进行的研究调查发现，25% 的兄弟会成员认为，他们的朋友当中肯定有多于 10 人是以灌醉女人或让女人变得很兴奋作为与其发生性关系的手段的。而在非兄弟会成员中，只有不到 10% 的男性持有这种观点。兄弟会中的男性也比非兄弟会中的男性更倾向于相信他们的朋友会对他们在学校期间与多位女性发生性关系的行为持支持的态度（70% 对 53%），更不容易相信他们的朋友会对此表示不赞同（8% 对 19%）。

对传统的男性化规范的坚持似乎也使各种形式的性侵犯合理化。密歇根大学的研究人员比较了兄弟会成员与非兄弟会成员的男大学生对坚持男性化规范所带来的压力和对性攻击行为的态度，其结果相当令人沮丧：在测试的每一项指标中，兄弟会成员都比非兄弟会成员展现出了更加物化女性的态度，以及对传统的男性化规范更强烈的认同感（比如，"如果可以的话，我会经常更换性伴侣""如果有人认为我是同性恋，我会非常生气"等），并从他们的朋友那里感受到了更多的、要求他们遵守这些规范的压力（包括"要表现得好像我时刻都需要性爱""避免做任何看上去比较女性化的事情"和喝酒等行为带来的压力）；他们也更支持将女性物化（比如，"一个男人盯着一个他不认识的、有魅力的女人的身体看是没什么关系的""根据身材的魅力来评价女人是件很有趣的事情"等），以及对与强奸相关的错误观念有更高的接受度（比如，"如果一个女孩第一次约会就去了约会对象的家里，那就意味着她愿意发生性关系"）。同时，他们也更愿意参与到性欺骗行为当中。比如，只是为了和朋友吹嘘，就与某人发生性关系，或者为了和女性发生性关系而对某人说"我爱你"。

将冒险行为作为展示男子气概的一种方式，会导致许多大学生饮酒过度。而这又有可能导致性侵犯的发生，因为酒精会减少抑制。对美国东北部和大西洋中部地区4所学院和大学的男性进行的一项调查表明，那些既遵从严格男性化规范又酗酒的人，会更加积极地参与严重的性攻击行为。其他研究表明，男性在刚加入兄弟会的第一年里，暴饮次数增加得最多——2个小时内喝五杯或更多，也会更频繁地进行性侵犯。因此，对于兄弟会中男性性侵犯发生率较高的另一个解释是，这种情况可能是他们有较高的饮酒率造成的。

某些群体对那种传统的理想化男子气概的过分强调，有助于解释为什么性别歧视和性攻击行为在运动队和兄弟会成员中会比在其他全男性群体中更普遍。尽管性别歧视的态度在全男性群体中比在混合性别群体中更为普遍，但这种观念的流行程度却因群体的性质不同而存在很大差异。我们很少听到全男性歌唱团体中的男性实施性暴力，甚至在某些运动类型的全男性运动队中也是如此。研究显示，在一些运动队，如足球、冰球、篮球队中，男性遭受性胁迫（sexual coercion）的比例会高于其他运动类型（如高尔夫、网球、游泳等）的运动队。似乎在那些对接受和坚持男性化规范不那么重视的全男性群体中，男性所面临的对女性采取物化态度、暴饮、参与性胁迫等的压力并没有那么大。

可悲的是，在全男性群体中，持有更深性别歧视态度和参与更多性攻击行为的倾向并不仅限于大学生群体。皮尤研究中心（Pew Research Center）在2017年进行的一项调查发现，与那些以女性为主的工作环境中的女性或在男女混合环境中工作的女性相比，在以男性为主的工作场所中的女性不太可能感受到自己受到了公平的对待，并且更有可能遭受性别歧视。她们也更有可能将性骚扰视为一个问题去关注，这个比例在工作场所男性居多的女性中占了49%，工作场所性别平衡的女性中有34%，而工作场所女性居多的女性中则为32%。

政治学家克里斯托弗·卡波维茨（Christopher Karpowitz）和塔莉·门德尔伯格（Tali Mendelberg）在他们的著作《沉默的性：性别、思考和制度》（*The Silent Sex: Gender, Deliberation, and Institutions*）中认为，不合理的规范会在所有类型的男性主导的制度中产生，美国参议院就是一个例子。柯尔斯滕·吉利布兰德（Kirsten Gillibrand）是仅有的20名女参议员中的一位，她讲述了存在于她男性同事中的许多性别歧视的例子。比如，在她开始减肥并成功减掉50磅[1]之后，一位男同事捏了捏她的肚子，说道："不要减得太狠啦，我喜欢我的女孩儿肉嘟嘟的。"另一个人虽然鼓励她继续锻炼，说出来的话却是："因为你不想变成一头肥猪。"在一次筹款活动中，参议院多数党领袖哈里·里德（Harry Reid）则称她为"参议院最辣的成员"。

在其他男性主导的环境中，如对冲基金和硅谷，有关类似的性别歧视态度和行为的报道也很常见。比如，从事资产管理的女性就可能经历过来自客户、同事和老板的性骚扰。一位男性资产经理指出："当只有男性参加会议时，仍然会有很多性别歧视和贬损的言论。"来自硅谷的报道也几乎完全相同。建筑行业和其他男性主导的行业中的女性同样面临着猖獗的性骚扰行为。

1　1磅约为0.45千克。

毫无疑问，性行为不端的情况很普遍，尤其是在全男性群体中。但是，正如我们将要看到的，这种情况可能又没有我们想象的那么普遍。纠正这种误解，同时提供相关的技能培训，可以帮助人们减少不良行为，并帮助人们在目睹不良行为时挺身而出。

少数派强烈的呼声带来的挑战

在我还是斯坦福大学的一名大学生时，我参加了一个关于如何正确认识强奸的生活情景式演讲，演讲的重点是"在进行任何性活动之前给予和获得同意的重要性"。工作坊的负责人解释说，如果你的伴侣说"不"或"停止"，但你还在继续，并且无论如何都要进行性行为，那么这将被认为是强奸。

一位在校园里备受瞩目的运动员举起了手，完全不相信地说："那不可能。照这样说的话，之前和我发生过性关系的每个人都要算是被我强奸过的了。"

我被他说的话吓坏了，并暗自在心里给这个人标注了警示信号以避开他，但大多数学生当时其实都在笑。他显然认为他所表达的观点没有错，大概是因为这位运动员相信这一观点是被大多数人广泛认同的。

然而，大量的研究表明，像"拒绝就代表同意"和"如果女人穿着暴露，那就是她们自找的"这样的想法，在大多数西方国家并没有被人们广泛认同。许多男人私下里会觉得性攻击行为令人反感，却（错误地）认为其他人对这种行为是认可的。玛丽华盛顿大学的研究人员要求男性围绕自己对女性的看法以及对性别歧视行为的不适程度进行评分，然后评估其他男性对相同项目的态度——要么是他们学校其他男性的态度，要么是他们完成问卷的朋友的态度。在这两种情况下，男性都高估了其他男性对性别歧视观念的认同程度，也低估了他们对性别歧视行为的不适程度。参加研究的男性预估的他们所认为的学校其他男性的不适程度的平均得分约为 17.1 分，基本为性别歧视不适程度的中间值（35 分代表最不适），但在非预估的现实情况下，参与研究的男性的平均分数是 23.5 分。另外，参与研究的男性也认为他们的朋友比他们实际上更容易接受性别歧视：他们对朋友的平均评分为 21.6 分，但他们朋友完成问卷的实际得分是 23.6 分。

为什么男性甚至会认为他们那些关系很好的朋友实际上也对女人持有更多的性别歧视的观点呢？其中一个原因可能是他们不愿意就这种观点进行公开的反驳，因为害怕被嘲笑、评判或排挤。校园访谈的结果显示，男学生给出的未能就性暴力情境进行干预的最常见原因就是评价顾忌（害怕被嘲笑），尤其是不想在其他男人面前显得软弱。低估同龄人对性别歧视抱持的态度且对性攻击行为感到不适的男性，可能不敢表达冒犯性的评论和做出不恰当的行为，故保持沉默。这也就使得这种观点看似被广泛认同，实际上却并非如此。这种保持沉默的倾向可能对于兄弟会和全男性团体中的男性来说影响特别大，因为他们可能害怕被群体中的其他男性排挤。

在另一项研究中，研究人员要求男大学生与一位自己的好兄弟一起完成调查，围绕着他们对女性、强奸和性攻击行为的看法进行评估。两个学生都认同关于强奸的常见的错误观念，例如"当女孩穿着过于暴露的衣服去参加聚会，她们就是在自找麻烦""如果一个女孩没有进行肢体上的反抗，那就不能说是强奸"，以及"如果一个女孩在聚会上和一个男人单独去了一个房间，她要是被强奸了，那就是她自己的错"。并且，他们需要表明自己是否对女性有过任何形式的性胁迫行为。他们还被要求根据他们所认为的自己的好兄弟会如何回答这些问题来完成同样一份问卷，然后把好兄弟换成一个普通的男性大学生，再做一次问卷。

研究结果进一步证明，在性别歧视和性侵犯的问题上，大学生对周围人，甚至是他们的好兄弟，所持有的观点普遍存在认知偏差。大多数学生认为他们的同学对女性持有更消极的态度，比他们自己更强烈地认同那些关于强奸的错误观念。有一个很经典的关于多数无知的例子就是，如果你专门找一个学生——任何一个都可以，去询问上述问题，他们肯定会告诉你，物化女性和对女性实施性攻击行为让他们感到不适，但他们相信他们的同龄人是完全可以接受这种态度和行为的。

研究人员在那些被认定实施过性侵犯的男性身上发现，这部分男性有一种认知——他们认为其他人比自己更容易接受性侵犯这种行为。一项关于性侵犯的研究发现，54% 实施过性侵犯的男性认为自己的好兄弟肯定也实施过性侵犯。相比之下，认为自己的好兄弟肯定实施过性侵犯的比例在没有实施过性侵犯的男性中只有 16%。这就很容易让人相信，这种认知上的差异反映的是一种现实——也许进行过性侵犯的男人，他的朋友更有可能也有过同样的行为。但事实证明并非如此，参与过性侵犯的男性错误地认为他们的朋友也做过同样事情的可能性是没有参与过性侵犯的男性的近三倍。这种误解可能会产生严重的后果，因为研究表明，如果一个男性认为其他男人对强迫性行为持赞同态度，那么这个男性就更有可能做出这种举动。这种误解造成的影响甚至可以延续到几年之后。

这告诉了我们什么呢？少数持有支持性攻击的态度和信念，并有过性攻击行为的男性，其实大大高估了其他人对这种行为的支持度，这种高估让他们觉得表达这些观点并没有什么不妥。那不幸的是什么呢？是他们分享自己所抱有的这种性别歧视观念的意愿会让其他人认为这种观念比实际上更普遍。特别是如果性侵犯者身居高位，这种影响会更加明显，就像运动队和兄弟会的成员经常做的那样。

相信其他男人对性攻击行为普遍持接受的态度，会抑制一个人干预和阻止这种行为的意愿。2003年，西华盛顿大学的研究人员调查了大学生对性交往中同意的重要性的看法，以及他们进行干预以防止性侵犯发生的意愿，同时还调查了他们所认为的自己的同龄人对这两个问题的看法。研究人员发现，参与调查研究的大学生（男女都有）都表示他们对性交往中获得尊重和同意高度重视，但是男大学生总是会低估自己的男性同龄人对同意的重视程度。另外，尽管在干预对防止性侵犯发生的重要性这一点上，自我报告结果并没有呈现出明显的差异，但参与实验的男性与之前低估其他男性对同意的重视程度一样，再次低估了其他同龄男性在这种情况下进行干预的意愿。这与之前的研究结果一致，研究表明男性倾向于认为其他男性比他们自己更不关心性交往中的性同意，且更不愿意就性侵犯行为进行干预。

不幸的是，这种误解降低了他们采取行动的意愿。男性对同龄人态度的预估比他们自己对性侵犯的公开表态更能预测他们是否愿意干预性侵犯行为。当面对对女性表现出冒犯行为的男性时，他们甚至可能保持沉默。

佐治亚州立大学的研究人员设计了一个巧妙的实验来观察个体在性攻击情况下的干预意愿。研究人员招募了一些男大学生来参与这项研究，参与者被告知要探究性别、情感和对外国电影的态度之间的关系。每个参与者都被告知将和另外三位男性组成一个小组进行实验，每个小组将选择一个电影剪辑给一位女性看。截取自两部不同电影的片段被展示给参与者，供其选择——一个片段是关于露骨的情爱场景的，另一个不是。参与者必须选择他想让女性看的那个电影片段，他们还被告知，最终的选择将从他所在小组四个人的选择中随机产生。另外，研究人员给出的观看电影片段的女性的个人资料显示，她不喜欢看含有露骨情爱场景的东西。

做出选择后，这个参与者会被带到一个新的房间。在那里，他会和另外三个人会合（这三个人实际上都是实验助手扮演的）。这位观看电影片段的女性（也是一名实验助手）会短暂地进入一下房间，表面上看是走错了房间。在她离开后，其中一个实验助手会发表一个物化女性的评论（"伙计，我要睡她"），或者一个客观的评论（"伙计，那个女孩看起来就像我室友的妹妹"）。研究人员告诉该小组成员，通过随机选择，最后要呈现给女性的是露骨的情爱场景片段。小组成员将通过网络摄像头观察女性的反应，并且随时可以通过按下旁边键盘上的一个键来停止电影片段的放映（事实上，这些男性正在看的，是一个预先录制的女性观看片段的视频）。研究人员随后会对参与者是否会选择停止放映，以及如果选择停止则什么时候会按下停止键进行记录。

听到物化女性评论的学生明显不太可能按下停止键：在客观评价组里有 35% 的人进行了干预，在物化女性组里有 15% 的人进行了干预。那些最终按下停止键的人花了很长时间才决定这样做。在汇报过程中，一些男性表示，要在同龄人面前表现出男子气概的想法所带来的压力在这一决定中发挥了作用。"这个女孩看上去让人感到很不舒服。"一名参与者指出，"我知道我有能力阻止它，我最终也做到了。但是，当房间里挤满了人时，压力会很大。我感觉他们在说，'一个真正的男人会喜欢看这个的'。"

看起来，参与"更衣室谈话"[1] 的男性同龄人的存在，会抑制其他男人停止性攻击行为的想法。

减少性侵犯的策略

到目前为止，我一直在关注全男性社会团体创造和维持性别歧视"信仰"的推力，即使他们的许多成员并不支持这样做。那么，为什么这些规范还存在？我的一个学生——一个大学篮球队的男运动员，最近告诉我，在更衣室里每天都有人说一些冒犯性的话。然后，他惊叹道："为什么我有时可以说些什么去制止一下，有时却说不出口

---

1 更衣室谈话（locker-room talk）：男性之间粗鲁、低俗、具有冒犯性、通常含有性意味的交谈。这种谈话经常发生在高中的更衣室里，被认为"只是男性之间的说笑，不应当真"。——译者注

呢？"他意识到他听到的是冒犯性的话，但同时也意识到他并不总是可以直言不讳。另一个他可能不理解的点是，很可能他的一些队友也对这些冒犯性的话感到不舒服，但他们始终保持着沉默。

在这一章的最后一节，我们将把目光聚焦在高中和大学可以采取的一些策略，它们可以帮助学生在目睹同龄人的问题行为时挺身而出。前总统巴拉克·奥巴马（Barack Obama）在 2014 年的一次演讲中谈到了这种策略的必要性："我们需要促使年轻人（男人和女人）认识到性侵犯是完全不可接受的行为。他们即将也必须鼓起勇气直面这种行为，并对这种行为说'不'，尤其是在要求保持安静或继续实施行为的社会压力特别大的时候。"

纠正对规范的误解

有很多证据一致表明，男性认为其他人比他们更容易接受性别歧视的态度和攻击性行为，而且这种观念抑制了他们直言不讳的想法。如果我们想减少性暴力，纠正这种误解似乎是一个显而易见的起点。近年来，已经出现了几个项目，旨在帮助男性理解少数同龄人的极端态度和行为其实并不合规范。这种方法可能会特别有效，因为通过提供准确的信息来改变个体对他人观念的看法比直接改变该个体本身的观念要来得更容易。正如北伊利诺伊大学健康促进服务主任迈克尔·海因斯（Michael Haines）所说："你不必改变社会规范，只需要向人们展示它是什么就可以了。"

令人感到欢欣鼓舞的是，这些项目已经被证明在减少性别歧视的态度和观念方面相当有效。

克莉丝汀·基尔马丁（Christine Gidycz）和他在玛丽华盛顿大学的同事在东南部一所大学的心理学入门课上向男性学生做了一场20分钟的报告。他们提供了一些关于社会规范和导致人们误解社会规范的因素的一般信息，如假设一个因笑话笑起来的人是真的觉得它很有趣，而不是仅仅因为礼貌而挤出一个假笑。他们解释说，这些误解会阻碍人们挑战不良行为，并列出了人们在有问题的情况下进行干预可以采取的具体步骤。

这场简短的报告立即带来了积极的改变。参加报告会三周后，学生们说，他们认为其他男性有较少对女性的负面看法，如"女人太容易被冒犯"或者"大多数女人会将一些无关紧要的话看作性别歧视"等。他们也开始相信，其他男性对性别歧视言论的适应程度比他们之前想象的要低得多。

纠正对社会规范的误解不仅会影响人们的态度，还能从实际层面减少性侵犯事件的发生。俄亥俄大学的克莉丝汀·吉迪茨（Christine Gidycz）和她的同事随机选择了中西部一所中等规模大学的一半一年级男生，让他们在宿舍参加一个90分钟的性侵犯预防项目。该项目包括三个部分：通过描述性侵犯对女性的影响来驳斥有关强奸的错误观念，培养共情；提高对性交往中同意的重要性的认识；纠正对其他男性态度和行为规范的误解。而另一半男生则作为控制组[1]，只需要完成问卷。

4个月后收集的数据显示，即使是这种相对短期的干预也会产生

1　控制组：不接受实验处理的被试组。——译者注

长期的影响。参与该项目的男生不仅认为他们的同龄人更有可能对那些可能导致性侵犯的情况进行干预，而且报告说自己出现性侵犯行为的概率降低了。约 6.7% 没有参与该项目的男生报告称，他们在过去这段时间里有过性攻击行为。相比之下，只有 1.5% 参加了该项目的男生有过这种行为。

这个项目以两种方式发挥着作用。首先，当被给予关于其他人实际观念的更准确信息时，男性会变得不再那么拘谨，并会在面对不良行为时直言不讳、进行干预。其次，可能存在性攻击风险的男性有可能会改变他们的态度，并减少他们支配女性的意愿，因为他们知道他们的同龄人并不真正支持这种行为。

这种减少性侵犯的方法不是通过改变规范来实现的，而是简单地告诉人们什么是真正的规范，并让他们了解那些误解产生的原因和方式。在我自己的研究中，我也使用这种方法来减少大学生进食障碍的症状，以及改善他们寻求心理健康治疗的态度。

提供技能培训

作为康涅狄格学院的学生，格雷格·里尤陶德（Greg Liautaud）和马特·盖兹（Matt Gaetz）在他们的校园公寓大楼里扮演着独特的非官方角色。大三学生格雷格和大二学生马特决定对他们的同学如何应对可能导致性侵犯的情况进行训练。这两个学生怎么知道该做什么的呢？原来在这之前，他们参加了一个名为"绿点"的计划。作为该计划的一部分内容，他们接受了训练。这种训练不涉及激烈的措施，你不需要去对付某人，不需要中断热情的拥抱，或者拨打 911，需要做的，只是尽早把一些潜在的问题处理掉。"这并不是给某人贴一个坏人的标签，"格雷格解释道，"其实只是缓和一下局势。"格雷格和马特都是学院冰球队（那种人们认为他们会参与性侵犯，而不是努力阻止性侵犯发生的全男性运动队）的成员。

"绿点"计划是一系列旁观者干预培训计划之一，旨在减少美国高校普遍面临的性侵犯问题的发生率。其他的干预培训计划还有"把旁观者带进来，站出来！"（Bringing in the Bystander, Step Up!）和TakeCARE 等。"绿点"计划主要教授给学生三种干预策略，以防止不良行为的发生。让我们想象一下：当你看到一个朋友向一个显然喝多了的女性献殷勤时，你应该怎么做？"绿点"计划建议学生：

1. 制造一些可以分散朋友注意力的事件。比如，请他和你一起吃个快餐，或者告诉他有另一个女孩子很希望和他聊一聊。

2. 请其他人就此情况进行干预。其他人可能是另一个朋友、一个年长的学生等。

3. 挺身而出。力劝你的朋友去找另一个女孩聊天。

虽然具体内容各不相同，但所有这些培训计划都强调在不良行为升级之前尽早采取措施制止其发生的重要性，并对学生进行相关技能的培训。他们通过互动练习来模拟和教授适用各种场景的技能。比如其中一个例子是，学生们会模拟表演如果自己无意中听到性别歧视的言论，他们该怎么做。在另一种情况下，他们会模拟表演如果自己看到一个喝醉的人和另一个人走进卧室，他们该做些什么。又如在第三种情况下，他们会就发生性暴力时该如何去做进行模拟表演。这种培训会时刻提醒学生，每个人都有责任防止性暴力发生。

这些培训计划可以以多种形式来实施，如研讨会、并入常规课程或进行网络培训等。新罕布什尔大学预防行为改革中心和达特茅斯学院倾斜系数实验室的研究人员制作了一个向大学生传授干预性暴力和关系暴力策略的电子游戏，并有目的地将这些信息植入更普遍的校园信息、流行文化和娱乐中。佐治亚州立大学的研究人员创建了一个基于网络进行的名为"真实同意"的项目，以加强旁观者干预、减少性暴力。温莎大学的心理学教授夏琳·森（Charlene Senn）则选择将旁观者干预的信息植入常规的学术课程教学中。

实证研究表明，这些计划是可行的。参与其中的学生给出了各种积极的反馈，包括对强奸错误观念的接受度降低，对强奸受害者表现出更深的同情，以及更强的帮助意愿等。学生们说，他们对自己的干预能力更有信心，也更愿意这样做了。许多人还说，他们站在旁观者的角度在一些情况下做出了干预。例如，叫住一个看起来确实喝醉了但正在上楼参加聚会的朋友，或者当他们听到一句性别歧视的话时（如"她就应该被这样对待"）直言不讳地反对等。实施了旁观者干预计划的学校，其校园里的性暴力发生率明显低于没有实施的学校。2015 年发布的一份对"绿点"计划有效性的评估报告称，女性被性骚扰和跟踪的经历减少了 11%，与醉酒或过度兴奋而失去阻止能力的女性发生未经同意的性行为的情况减少了 17%。这就说明，人们想有不同行为的想法，不仅仅是说说而已，这些计划确实改变了他们的实际行为。

另一个旨在向旁观者提供有效干预所需技能的项目，是以视频为基础实施的 TakeCARE 计划。一位叙述者会在视频中描述在社交活动中确保安全的重要性，并概述人们应如何照顾自己的朋友以防止性暴力发生。该视频包含三个不同的片段，分别展示了对性胁迫、关系暴力或其他潜在有害活动应做出的反应。在每一种情况中，视频都会对一个人可以说或做的具体事情给出一些建议，以防止事件发生或阻止事件升级，或者在事件已经发生后提供支持和帮助。

比如，在一个派对场景中，一对喝醉的男女一起走进了一间卧室，旁边有另一对男女看到了事情发生的过程。这个时候，视频会暂停，叙述者会描述这种情况可能给一方或双方带来的问题。然后，视频中会显示一位旁观者阻止了这对正在进房间的醉酒男女，把男学生送回派对，并把女学生送回家。随后，叙述者描述了在类似情况下可以采取的其他防止伤害发生的干预方式，并强调照顾好朋友的重要性。这种侧重于讲述采取行动的重要性的方法，目的在于培养学生的信心，让他们相信他们其实真的可以通过一些巧妙的手段对那些潜在的有害情况进行干预。即使这段不到半个小时的视频很简短，在比较多的情境中也同样具有实用性。

看到这里，你可能会有所怀疑，这样一个简短的视频真的可以赋予学生行动的能力吗？简单地说，是可以的。观看视频的大学生说，他们对自己在目睹危险情况时实施干预的信心有所增加，从在听到有人说强奸受害者应该为被强奸的结果负责时直接表达不舒适感，到帮助一个在派对上喝醉且被一群人带进卧室的人等。同时，这些观看视频的大学生还指出，他们在观看视频后的一个月里，比之前做出了更多的干预行为。

尽管已经有种种迹象表明，一个完全基于视频进行的旁观者培训计划可以在短期内增加学生实施干预的信心，但我们还是需要进一步就其长期效果进行评估。比如，最初的这些态度上的正向转变和信心的增加是会持续一段时间呢，还是会随着时间消退呢？这种方法有没有可能不局限于被动地观看视频，而是可以加入更多的互动成分，从而对素材进行更深入的处理，并由此带来更持久的效果呢？练习视频中所描述的那些技巧，似乎很有可能给参与计划的学生带来更强的正面效果。虽说这些问题应该是未来研究的重点，但现在值得所有人肯定的是，依托于视频的短周期旁观者干预培训计划提供的实用价值是巨大的。许多大学生不会去参加冗长的防止性侵犯的计划，在这种情况下，TakeCARE 和其他类似的计划可能会有明显的优势。因为时间较短，所以它们可以让更多的、各种各样的学生参与其中，扩大接触面，从而引导校园规范发生更广泛的变化。

这种依托于视频进行培训的方法在高中可能同样有效。在最近一项对美国南部低收入城市公立高中的学生进行的 TakeCARE 效果测试中，与控制组相比，参加培训计划的学生在 6 个月后，报告了更多的旁观者干预行为。这些干预行为包括直面一个为辱骂行为找借口的朋友、对一个有无法解释的瘀伤的朋友表达关切，以及试图让其他人帮助解决潜在的性侵犯或关系虐待的情况等。这项测试研究创造性地引入虚拟现实设备和技术，学生们戴着虚拟现实眼镜，进入一个身临其境的虚拟环境中。在这里，他们会与一个虚拟角色进行互动，模拟真实世界里他们可以干预的涉及性暴力的场景。在其中一个场景中，两个在派对上喝醉的朋友一起走进一间卧室。在另一个场景中，则涉及可能发生在约会关系中的两个人之间的人身攻击行为。第三个场景涉及一名男性学生，他有把他的约会对象灌醉并借此和她发生性关系的意图。研究人员记录了学生们对这些情况的反应，以及他们试图阻止潜在有害情况发生的力度。与控制组观看控制视频的学生相比，观看 TakeCARE 视频的学生在虚拟现实的情境中会表现得更加自信。另外，6 个月后，这部分学生还报告了更多现实中的旁观者干预行为。

这些方法之所以有效，是因为许多目睹不良行为的人实际上是想干预的，但当时并不知道该做些什么。正如我们将在第十章中看到的，那些围绕着有效行动所必需的特定技能进行的培训可以帮助人们减少不作为的自然倾向。那些接受过培训的人发现自己面临的情况与他们被告知的情况相似时，通常会有更强的责任感去采取行动。而且，他们对自己能够做出有效干预这一点更有信心。在超过三分之一的性侵犯案件中，现场至少存在一位可以进行干预的人，但在大多数情况下，我们并没有看到有人介入。那要怎样才能把那个沉默的证人变成一个积极的干预者呢？首先，重要的是知道如何去做。

新规范的创立

处于紧密团结的群体中的男性，由于对男性关系非常重视，所以会感到相当大的压力，这种压力会要求他们对其他群体成员展现忠诚。这种展现忠诚的观念，有时会导致他们对同伴的不良行为视而不见——不管对错，都要团结一致的意思。这些群体的凝聚力其实也有好的一面：同龄人的相互影响可以创造更多积极的观念和行为。许多旁观者干预项目（如"绿点"计划）就把关注点放在改变群体规范上：从通过对不良行为保持沉默来保护群体成员，到率先介入，预防不良行为的发生。这些项目旨在帮助学生理解一个群体成员的一个不良行为就给整个群体的声誉带来损害，所以团队、兄弟会和宿舍的所有成员都有责任保护他们的朋友免于陷入困境。新罕布什尔大学的足球运动员大卫·罗（David Rowe）告诉《纽约时报》，他的目标就是照顾好他的队友，即使这可能意味着需要打断一次可能发生的性接触："也许你没能和那个女孩发生性关系，但是你可以保留你的奖学金，并且可以继续留在队里。"

每个兄弟会和运动队在文化和价值观上都存在着很大的差异，其中对性攻击和性胁迫行为容忍度较低的群体会迫使群体成员遵守自己的规范。一项针对就读于中西部一所小型私立大学的一年级男生进行的调查研究比较了高中攻击性运动[1]（足球、篮球、摔跤或橄榄球）和非攻击性运动（棒球、高尔夫、越野赛、游泳、网球或田径）的学生的性胁迫发生率。那些参加非攻击性运动的人对女性的性别歧视较少，不太支持强奸等错误的观念，也不太可能参与性胁迫行为。

巴斯大学的社会学家埃里克·安德森（Eric Anderson）对一个性别单一的兄弟会进行的一项研究揭示了对典型男性规范的有意偏离。其中一名兄弟会的成员说："我们希望我们的兄弟不要有那种很狂热

1　攻击性运动（aggressive sport）：根据运动项目的特征、运动员的身体接触状况对运动项目进行的类别划分。其中包括最大限度地直接进行身体攻击的运动（如拳击、格斗），也包括合理进行身体接触和冲撞的运动（如足球、篮球等）。——译者注

的大男子主义心态。我们希望在智力和运动方面脱颖而出，但同时要善良和尊重他人。"

利哈伊大学的艾尔斯·博斯韦尔（Ayres Boswell）和琼·斯派德（Joan Spade）对宾夕法尼亚一所私立大学的兄弟会的生活进行了深入研究。在这所大学里，大约一半的学生加入了一个名字里有希腊字母的兄弟会。研究人员采访学生，参加兄弟会聚会，观察社交互动，并以这些观察结果为基础得到了明确的证据，证明并非所有的兄弟会都是一样的。

在一个被女性描述为性暴力"高风险"的兄弟会所举办的若干聚会上，研究人员观察到，男性和女性很少作为朋友交流，性别比例也经常是非常不均衡的，男性和女性会把自己分隔在房间的不同位置。女性们经常独自跳舞，但是当一对儿一起跳舞时，其行为就会变得非常亲密和性感。这些兄弟会中的男性则表现得更加粗鲁——他们会用向上竖起大拇指或向下竖起大拇指的姿势来评价女性的身材，说一些性别歧视的笑话和评价，并参与更加轻浮和公开的性行为。这些派对中的男性会很公开地试图让女性离开派对，上楼去他们的卧室，借口一般会是"想看看我的鱼缸吗""我们上楼去，这样我们可以好好聊聊，因为在这里我听不到你在说什么"等。

女性称之为"低风险"的兄弟会所举办的派对就显得再正常不过了。男女一起跳舞——成双成对或者成群结队，一对对的男女亲吻或以某种形式表达情感，派对上的男女人数是基本相同的，而且男性和女性之间经常会有友好的保护。推搡、叫喊和咒骂等情况很少发生，如果真的发生了，他们也会很快就此道歉。

亚历山德拉·罗宾斯（Alexandra Robbins）在她的书《兄弟会：大学男生成为男人那年的内部观察》（*Fraternity: An Inside Look at a Year of College Boys Becoming Men*）中解释说，全男性群体中的男人并不是一开始就会做出不良行为的，而兄弟会也是第一个为离家在外的男性提供支持，为他们创造一个分享社会和学术焦虑的安全空间，并培养有价值的领导技能的地方。这一章的重点并不是暗示兄弟会的每个成员都是性掠夺者，或者父母应该阻止自己的儿子加入运动队之类的，我的儿子也从加入兄弟会和运动队的经历中受益良多。但是，帮助男孩子们理解什么是可接受的行为和规范，确实是我们需要努力的方向。可能作为一个好的开端，我们需要确保他们可以对想加入的社会群体进行明智的选择，并提醒他们（不止一次），支持性攻击行为的人比他们想象的要少得多。另一个方法可能就是，帮助他们明白一个道理：成为好朋友、兄弟会成员或队友就意味着，你需要在群体中其他人可能做出的潜在的问题行为升级之前帮助他们，进行干预。

第八章　在职场：培养道德行为

2014 年 10 月 20 日，黑人少年拉奎·麦克唐纳（Laquan McDonald）被一名芝加哥警察杰森·范·代克（Jason Van Dyke）枪杀。范·代克和现场其他几名警察提交的事件报告显示，枪击的行为是正当的，因为当时这名 17 岁的少年行为疯狂，持刀袭警。但是，进一步的调查展现出的却是一个截然不同的故事。尸检显示，拉奎被连续枪击了 16 次。随后，一段监控录像进一步展现了当时的情况：警察开的第一枪是在拉奎正离开时——并不是他要攻击警察的时候，在他中枪倒地后，警察甚至还补了很多枪。根据这一证据，范·代克警官被判犯有二级谋杀罪和 16 项使用武器的重暴力犯罪，需要服 7 年有期徒刑。

尽管所有的枪击都是范·代克实施的，但他并不是现场唯一的警察，在场的另外 7 名警察都提交了行动报告以支持范·代克所说的——拉奎当时是拿着一把刀向他袭来的，但这显然与监控记录的内容相矛盾。其中 3 名警察因掩盖范·代克的行为而被大陪审团指控为渎职、共谋和妨碍司法公正，但最终，3 人都被判无罪。

这个故事并不是绝无仅有的——当一个人行为不良时，他们的同事，说好听点，就当没看见；说不好听点，那就是掩盖了。类似的事件在所有行业中都有发生，从无视欺诈性商业行为的员工，到无视自己政党领导人非法使用政府资金或说出冒犯性言语的政客。本章将对导致人们对工作场所中的不良行为保持沉默的因素进行考察，并提出一些可供组织用来改变其工作文化以培养道德勇气（moral courage）的策略。

你会对抗你的老板吗？

当我还在大学的时候，有一天，我和我的老板一起开车去开会。到了目的地之后没有找到停车位，他就开着车绕了几圈试图找个地方停。但是，因为我们已经迟到了，时间很紧，所以他就索性把车停在了一个残疾人停车位上。我们下车后，他转向我，咧嘴笑了一下，开始一瘸一拐地往前走。我当时什么也没说。

我没有当面指出我老板的错误，这种情况并不是偶然的。大多数人在目睹那些身居高位者做出无礼或冒犯性的行为时，都会无所作为。他们可能会想："直言不讳能让我升职，还是能让我加薪？我会因此而丢掉工作，或者被说成是一个惹是生非的人吗？"

当被问及假设的情况时，人们通常会说他们有勇气面对不良行为，但实际上，当真的面临不良行为时，我们大多数人其实都没有采取任何行动。这并不是说我们不懂得分辨对与错，或者意识不到需要进行干预。如果有一个可以冷静评估当下形势的机会，我们确实是可以意识到干预的必要性的，但似乎就是有什么东西阻止我们按照自己的信念行事。

华盛顿与李大学的朱莉·伍德兹卡（Julie Woodzicka）和耶鲁大

学的玛丽安娜·拉弗兰斯（Marianne LaFrance）进行了一项研究：对人们所说的话和实际所做出的行为进行比较。她们招募了一批年轻的女性参与者（年龄在 18 岁到 21 岁），要求她们阅读并回应一份关于工作面试的书面梗概。参与者会阅读以下内容："想象你正在学校的办公室里接受一名男性（32 岁）的面试，面试的职位是研究助理。以下是他在面试过程中问你的几个问题。请阅读每个问题，并说出你的反应和感受。请写下你认为你会如何回应，而不是你认为你应该如何回应，并说出你实际上会如何表现、思考和（或）有何感受。"

这三个问题是："你有男朋友吗？""人们觉得你有吸引力吗？""你认为上班穿内衣对女人来说重要吗？"

大多数参与者（62%）都说，她们会以某种方式回击骚扰者，要么问他为什么问这个问题，要么告诉他这个问题并不是很合适。28%的女性表示，她们会做出更有力的回应，要么简单粗暴地与面试者对抗，要么直接离开。另外，68% 的女性表示她们会拒绝回答三个问题中的至少一个。研究结果清楚地表明，当面对性骚扰时，参与者认为她们会感到愤怒或愤慨，并会展现出一定的对抗性。但是，她们真的会表现得如自己所想吗？

在针对这个重要的问题进行测试的跟踪调查中，同一批研究人员招募了另一组女性来进行她们认为是一份真正的研究助理的工作面试。然后，研究人员让这些申请人回答同样的三个涉及性骚扰的问题。这部分参与研究的女人没有一个拒绝回答哪怕是一个问题，而且大多数人都采用了一种非对抗性的方式。那些感到不解的面试者，会以礼貌和尊重的方式询问面试官为什么会问这些问题。

当提前预设这种情况时，几乎三分之二（62%）的女性都预计自己会直面冒犯者，但是当她们被放在现实情况中时，只有大约三分之一（36%）的女性这样做了。因此，即使我们觉得自己应该会勇敢面对，但当真正面对这种情况时，大多数人还是会选择不采取任何行动。

大多数在工作中遭受性骚扰的女性会选择不举报此类行为。当被问及为什么时，她们给出的最常见的理由是害怕：害怕失去工作，害怕失去晋升的机会，或者害怕被所在行业拒之门外。一项对社会组织中性骚扰行为的元分析显示，只有四分之一到三分之一的人在工作中受到性骚扰后向主管投诉，只有 2% 到 13% 的人会正式控告这样的行为。受害者害怕举报性骚扰行为带来的后果，这一点并没有错，职场性别和多样性专家珍妮弗·贝尔达尔（Jennifer Berdahl）说，报告这种行为的女性"会成为麻烦制造者——没人愿意雇用她们或者和她们一起工作"。如果骚扰你的人是你的老板，你会怎么做？面对不良行为保持沉默的情况，在对我们有直接权力的人身上尤其常见，把这些人捅出来的代价也非常明显。

一项针对专业会计人员进行的调查发现，60% 的人都曾经在他们的工作场所观察到了某种程度的不当行为——偷窃供应品、对费用报告进行错误分类、操纵收入和费用，其中一半的人选择不就他们看到的不当行为进行举报。忽视这种行为的常见原因包括认为事情没有严重到需要举报的地步，没有足够的证据，或者觉得其他人会举报，但保持沉默最常见的原因依旧还是担心失去工作或让自己处于一个不愉快的工作环境之中。

不幸的是，这种害怕被报复的恐惧并不是耸人听闻的。从 2012 年到 2016 年，马萨诸塞大学阿默斯特分校的研究人员调查了超过 4.6 万份向平等就业机会委员会和州公平就业实践机构报告的性骚扰投诉。在这些举报人中，68% 的人表示他们的雇主就此举报进行了某种形式的报复，有整整 65% 的人在当年就失去了工作。另一项针对 1000 多名联邦法院雇员进行的调查研究显示，在表示自己受到虐待的人中，有三分之二的人要么被同事孤立，要么被拒绝晋升，要么被调到不太理想的工作岗位上去，要么被不公平地给予糟糕的绩效评估。当职员举报的是身居高位的人时，这些后果尤其普遍，这有助于解释为什么人们在这种情况下特别有可能保持沉默。

很少有人有足够的勇气去面对一个处于领导地位的，会发表性别歧视、种族歧视或其他冒犯性评论的人。莱斯利·阿什伯恩－纳尔多（Leslie Ashburn-Nardo）和她的同事招募了一批大学生（男女都有）参与一项被认为是关于远程交流的研究，参与者被告知，他们将与在线聊天小组中的另外两个人一起就求职申请进行评估。在小组讨论开始之前，参与者完成了问卷调查，他们被告知将使用问卷来确定他们在小组中的角色。随后，每个参与者都被告知，他们的回答表明他们有很强的倾听和人际交往能力，因此他们将担任人力资源观察员的角色。这个角色包括旁听另外两个小组成员之间的在线沟通，并做笔记，然后给他们一些反馈。事实上，其他小组成员都是虚构的，对话内容也是设计好的。

在对一名女性求职者的申请进行讨论时，一名小组成员在聊天小组中打字道："我并不知道商界职场女性会如此情绪化，我希望可以看看她的照片。对我来说，要忍受一个在工作中不断唠叨的女人，那她必须非常性感才行！"（研究人员故意使用全小写字母输入，来模拟学生之间那种随意的交流方式。）在一种情况下，参与者被告知，说出这两句话的人只是其他两个小组成员中的一个。在另一种情况下，参与者被告知说出这两句话的人在小组中被指定为"老板"的角色，这个角色负责决定每个小组成员参加研究所能得到的报酬。完成任务后，参与者被问及他们对其他小组成员所做出的评论的看法，并询问参与者是否愿意与其他小组成员见面并提供一些反馈。

你能猜到研究人员的调查结果是什么吗？

首先，在这两种情况下，参与者都能意识到小组其他成员对求职女性所做的评论是不恰当和带有歧视性的。但是，当被告知说这两句话的人是"老板"时，参与者好像对与其见面并给出反馈并没有展现出太强烈的意愿：在听到了来自更高权力者的性别歧视评论的参与者中，只有 43% 的人想与其见面并就此分享一些自己的反馈；相比之下，在听到了来自无权力普通小组成员的性别歧视评论的参与者中，这个比例高达 68%。

在同一批研究人员进行的第二项研究中，参与者被要求阅读一个涉及某个身份的人（要么是主管，要么是同事，要么是下属）的场景描述——描述此人在工作场所发表性别歧视或种族歧视言论的情况。其中，主管角色发表性别歧视言论的场景如下：

假设你在一家软件公司上班，正在参加一个关于来年预算目标的午餐会议。会议结束后，你的男性主管转向会议中唯一的女性说："嘿，招呼一下午餐如何？女人不是应该很擅长做这种事情吗？你知道，比如当女佣什么的。"

随后，研究人员在场景描述中用"同事"或"下属"代替"主管"，用于测试歧视性言论发表者的角色带来的影响，用"白人""非洲裔美国人"代替"男性""女性"来营造一种潜在的种族主义的场景。然后，每个参与者都会被问及他们是否认为场景中这个人说出的上面一段话是存在偏见的，以及他们是否会直接或间接与这个人就此进行对质。

和之前研究中所反馈的情况相同，参与者明确地认识到此番言论是歧视性和不恰当的——不管针对的对象是谁，也不管这些言论是由谁说出来的，但是参与者会倾向于觉得这些言论并没有那么严重。如果是性别歧视而不是种族歧视的话，他们就不太可能就此进行汇报。当发表言论的人是主管（而不是同事或下属）时，参与者会觉得进行干预并不是自己的责任，也不太能决定自己要做什么，并且认为与此人对质的话会付出很高的代价。毫无疑问，他们也不太可能说出自己会与发表言论的人对质这种话。

许多人并不愿意指出那些身居要职的人所做出的有问题的行为，即使这种行为会产生极其严重的后果。在一项研究中，研究人员在医疗环境中对这个问题进行了探究。在医疗环境中，若同事犯了错误或采用了不安全的方式，如果没有被当场直接指出，那可能就意味着生死之别。东北两个大型学术医疗中心的实习生和住院医生被要求完成一项评估医疗勇气（medical courage）的调查，他们需要就以下陈述内容发表自己同意与否的观点：

- 我只做对病人来说是正确的事，即使我需要承受一些社会压力（例如来自医疗团队高级成员的反对）。
- 面对病人护理中出现的伦理困境，我会在做决定前考虑我的职业价值观和个人价值观如何适用于这种情况。
- 我只做对病人来说是正确的事，即使这会让我承担一定的风险（例如法律风险、名誉风险等）。
- 我的病人和同事可以把我看作道德行为的榜样。

接下来，这些参与研究的实习生和住院医生会被问及在过去的一个月中，他们见过的有损患者安全的情况的次数。例如，不良的手部卫生习惯或不恰当的消毒方式，都会增加患者受伤的风险。如果参与者说他们在过去一个月中至少观察到一次这样的违规行为，他们接着就会被问及是否向做出该行为的人提起过此事。

正如预测的那样，在道德勇气量表上得分较高的参与者更有可能在目睹违反患者安全规定的行为时直言不讳。不过，实习生与住院医生相比，更不容易就不良行为进行举报，不管他们的道德勇气水平如何。（实习生所接受的培训和威信都不如住院医生。）这些发现与其他研究一致。研究表明，如果在医疗环境中遇到了需要挑战更高权威的人的情况，人们通常都会保持沉默，医科学生和护士基本上不愿意去挑战医生的权威。

20 世纪 60 年代，精神病学家查尔斯·霍福林（Charles Hofling）

设计并在一家医院进行了第一批研究，以证明直面那些身居高位的人是多么困难。研究中，一个男人（实验助理）在不连贯的22天里，会固定打电话给在医院值夜班的护士（每次都是不同的护士），并说自己是一名医生，并捏造一个名字（目的是确保护士不认识他，也不知道他是不是那家医院的医生）。然后，他让护士（都是女性）检查手头是否有一种名叫阿斯特罗的药物。这种药物也是研究人员虚构的，实际上只是那天早些时候放在药房里的一种无害的糖丸。当护士回复说有这种药物的时候，这个男性实验助手会指示她立即给一个病人服用20毫克此药物（这个病人是她所在楼层的真实病人），并说他将在稍后到达医院时签署处方单。但是，此药物瓶子上列出的最大剂量是10毫克。

请注意，按照此要求中的剂量给药将违反三条规定：通过电话接受医嘱、接受未知医生的医嘱，以及给药剂量超过药瓶上注明的最大剂量。那护士紧接着做了什么呢？有21名护士（95%）在带着超剂量药物走进病房时被研究人员拦了下来。

现在回头看，这项研究发表于1966年。我们可以肯定地说，现在医生和护士之间的权力不平衡可能没有多年前那么严重了，护士们可能会更愿意质疑可疑的指示，尤其是当这些可疑的指示可能对病人造成严重后果时。但是，真实情况确实如此吗？

为了了解情况是否有所改变，领导力培训公司 VitalSmarts 的研究人员对2383名注册护士提交的报告进行了研究，这些报告涉及她们直言不讳时或让他人倾听工作中存在的潜在问题时遇到的困难。大多数护士（58%）表示，遇到这些情况时，她们会觉得直言不讳不安全，或者即使她们确实说出来了，也没有人会当回事。17% 的护士说她们一个月内至少会经历几次这种情况。这些问题中有许多涉及他们的同事铤而走险的一些取巧行为，如洗手时间不够长、没有换手套、忽视了安全检查等。尽管 84% 的护士表示自己确实看到了这些行为，26% 的护士认为这些取巧、偷懒的行为会导致病人受到伤害，但只有 31% 的护士与做出这种行为的人完全坦陈了自己的担忧。

所有类型的不良行为都在继续发生着，部分原因是大多数人害怕直面这些行为需要付出的代价太大。因为害怕报复，所以即使在面对非常恶劣的行为时，我们也会选择保持沉默，这就使得这种沉默的循环一次又一次上演。许多遭受拉里·纳萨尔反复性侵犯的年轻体操运动员担心、抱怨——甚至是质疑队医对她们的治疗，会破坏她们入选奥运会代表队的机会。不得不说，她们的担忧可能是对的。

保持沉默带来的职业获益

即使不太可能遭到报复，人们有时也会出于个人的动机而忽略不良行为。比如，在涉及公司欺诈的情况下，他们可能会从忽视他人的不道德行为中直接受益。正如库尔特·艾欣沃尔德（Kurt Eichenwald）在《傻瓜的阴谋》（*Conspiracy of Fools*）一书中透露的那样，能源公司安然的许多领导人，包括经理、律师和顾问，都意识到该公司隐藏了数十亿美元的债务以维持其高股价，但他们都没有说出真相。安达信（Arthur Andersen）是一家广受好评的会计师事务所，安然聘请该公司对其财务报表进行定期审计，而安达信的几位高管也意识到安然在用欺诈行为掩盖损失。实际上，你知道多少，取决于你的地位，他们中的许多人却因此而获得了经济利益。最终，16个人——包括安然创始人肯尼斯·雷（Kenneth Lay）、首席执行官杰弗里·斯基林（Jeffrey Skilling）和首席财务官安德鲁·法斯托（Andrew Fastow），承认自己犯有金融罪，另外还有5个人也因为此事件被判有罪。但是，更多的人对正在发生的事情有所了解，却没有采取任何措施来阻止事件继续。

安然公司的内曝引起了极大的关注，但这并不是唯一的多年来未被捅破的白领犯罪案件。2005年，私人安保公司泰科国际的两位高管——首席执行官丹尼斯·科兹洛夫斯基（Dennis Kozlowski）和首席财务官马克·施瓦茨（Mark Swartz），因挪用公款逾4亿美元被判刑。他们犯下了各种金融罪行，包括股票欺诈和未经授权支取奖金，并利用公司资金来维持奢华的生活方式，包括购买大量地产物业、昂贵的珠宝和举办奢华的派对。2018年，豪尔赫·萨莫拉－奎扎达博士（Dr. Jorge Zamora-Quezada）被捕，并被指控犯有联邦医疗欺诈罪。他被指控提交了超过2.4亿美元的虚假医疗索赔，其中包括为了开出昂贵的药物和使用昂贵的医疗手段而错误地诊断病人患有严重甚至晚期疾病等行为。这一欺诈行为使他能够购买大量地产物业、豪华汽车，甚至是私人飞机。

不道德的商业行为并不仅仅局限于这些头条新闻中报道的案例。在各种规模的企业中，这种情况都时有发生。比如，仅费用报销欺诈这一种行为，如提交虚假收据或将个人费用作为业务费用报销等，在大型企业（员工超过100人的企业）中就占11%，在小型企业中甚至占到21%。几年前，我的一个同事就有这种行为。他会定期向学校报销各种私人费用，包括孩子购买学习用品的费用、家庭节日贺卡的邮费，以及全家去佛罗里达度假的费用等。（在大学管理者介入后，这种做法终于消停了。）

有意思的是，世界各地的一些政治家就经常将个人支出巧立名目，称为"商业支出"。英国一个国会议员因向政府报销一把按摩椅、一个奇巧巧克力棒和家族庄园护城河的清理服务费用而被捕。加利福尼亚州共和党众议员邓肯·亨特（Duncan Hunter）被指控从他的竞选基金中支出超过25万美元，用于诸如意大利之旅、为他的儿子购买电子游戏，甚至是为家里养的一只兔子埃格伯特买飞机票等。

所有这些例子有什么共同点呢？欺诈的规模差异很大——从办公用品柜中拿走钢笔显然不能等同于把奢侈的家庭旅行当作一项商业支出去报销，但是在所有我们提到的类似情况下，都存在着一些明确意识到发生了什么的人，只不过他们选择了另一种方式去处理自己的所见所闻。也许是行政助理挡下了相关的指控，或者是竞选委员会的财务主管看到了那只兔子的差旅票据，或者是会计师事务所核实了公司的纳税申报单等。如果处在他们的位置，我们大多数人可能也会做出与他们相同的选择，因为指责某人的不良行为会带来严重的职业后果，尤其是当那个人处于绝对强势的地位时。

不仅仅是个人可以从对不良行为的忽视中受益，他们的雇主也是如此，尤其是当这个做出不良行为的人职位很高时。贝勒大学的马修·奎德（Matthew Quade）和他的同事在全国范围内选择了300多名从事不同工作的雇员和他们的主管，并从他们那里收集了数据。主管对员工的不道德行为（如伪造上下班打卡记录或费用报告、滥用机密信息等）以及他们的总体工作熟练程度进行了评级。然后，员工被要求完成一份针对他们在工作场所感到被排挤的程度的评估报告。出于研究的目的，排挤的程度是通过"工作中别人会忽视你"和"工作中别人对待你就好像你不存在一样"这样的陈述来评定的。

调查显示，不道德行为和被排挤之间的关系取决于该员工的工作效率。对于那些生产力不高的人来说，做出不道德的行为会导致被排挤。但是，对于那些被他们的上司评价为高产的人来说，不道德的行为和被排挤与否之间没有任何联系。研究人员指出，表现不佳的员工可能会因不良行为而被点名，而当员工被认为对组织有价值时，这些行为就会被忽视。换句话说，"高工作绩效可能抵消不道德行为"。

这一点有助于解释为什么21世纪福克斯公司在2017年会向福克斯新闻的顶级主持人比尔·奥雷利（Bill O'Reilly）提供聘用续约，并同意向他支付约2500万美元的年薪——尽管该公司知道他身上已经背了多起性骚扰指控。奥雷利最终还是被解雇了，但这一结果可能是因为针对性骚扰指控的索赔以及相关的和解被公之于众之后，丢失的广告冠名费用多到公司难以承受了。

抵制不良行为的社会成本

1968年3月16日，美国士兵肆意杀害了大约500名居住在美莱村的越南平民，其中包括老人、妇女和儿童，数十人甚至是在被推进灌溉渠后遭到射杀的。直升机飞行员休·汤普森（Hugh Thompson Jr.）是一名一级准尉，他在空中目睹了正在发生的一切。尽管指挥这次袭击的上尉和中尉都比他的级别高，汤普森还是把他的直升机降落在士兵和平民之间，命令士兵们停火，并威胁说要用直升机的机枪扫射任何继续射击的人。他的这一举动阻止了这场大屠杀的继续。

这就是我们很多人都知道的美莱大屠杀的故事，但这并不是这个故事的全部。在休·汤普森勇敢的干预之后，他向自己的指挥官正式报告了这一事件。后来，在大屠杀的消息公开后，他又向众议院军事委员会报告了这一事件。随即，他的行为受到了战友和公众的严厉批评。

"有人打电话给我，对我进行了威胁。"他在 2004 年《60 分钟时事杂志》节目中说，"有时候早上起床，我就会看到自己的门廊上有死了的甚至是残缺不全的动物尸体。"直到 1998 年 3 月 6 日，他的英雄行为才得到正式的认可，那时距杀戮发生已过去了 30 年，他因未与敌方发生冲突的英雄行为而被授予士兵勋章。

在任何工作环境中，抵制不良行为的代价都是很大的，当这个地方的文化非常强调忠诚时，这种代价可能会变得巨大，军队和警察部门尤其如此。在一项对全国 3700 多名警察的调查中，近 80% 的人表示，在警察文化中存在缄默法则（code of silence）。46% 的人表示，他们曾目睹了另一名警察的不当行为，但他们并没有就此举报。

是什么导致这么多警察——尤其还是称得上勇敢的人，在面对不良行为时沉默不语呢？警察们提到了几个因素，包括：认为他们的报告会被忽视，担心他们会受到纪律处分或被解雇，以及来自其他警察保持沉默的压力等。但到目前为止，他们为自己的沉默找的最常用的理由，就是害怕被其他警察同僚排挤。正如前芝加哥警察洛伦佐·戴维斯（Lorenzo Davis）所言："缄默法则其实很像家庭中的情况，你总不能去告发你的家庭成员吧。没人明确地告诉你要保持沉默，但你就是知道自己需要这么做。如果你有一个搭档，那你就会去支持他。"

即使在一些极端情况下，也有太多的人出于对组织的忠诚而选择忽略不良行为。即便这种行为会直接违背组织的价值观，也会如此。

体操运动员雷切尔·登霍兰德（Rachael Denhollander）还是个小女孩的时候，在拉里·纳萨尔对她进行性侵犯之前，就曾被另一个男人侵犯过，这个男人是她家族教会的成员。当时，她才 7 岁。一名来自他们浸信会教堂的大学生盯上了她，给她买礼物，陪她去主日学校，经常拥抱她，鼓励她坐在他的腿上。领导教会性侵犯支持小组的顾问认为这种行为可能是性侵犯的前兆，并就此情况通知了她的父母，要求他们警觉。但是，当她的父母联系女儿的《圣经》学习小组的朋友时，这些朋友却强烈反对采取任何行动。他们告诉雷切尔的父母，这个反应过度了。有一个家庭甚至停止了与登霍兰德一家人的社交往来，因为担心自己会成为下一个被指控的目标。所以最后，雷切尔的父母决定什么也不做。两年后，在这个大学生离开教堂后，雷切尔告诉她的父母，一天晚上，当雷切尔坐在他腿上时，他开始自渎。但是，这家人从未将这件事告诉任何人。正如她母亲后来对《华盛顿邮报》的记者所说的："我们已经试过一次了，但没人相信。那能怎么办呢？"

我们都读过罗马天主教会几十年来掩盖牧师性侵犯行为这样令人震惊的故事，其实其他的宗教机构也未必能幸免。一些被领导者忽视的性侵犯事件已经浮出水面，这些事件涉及得克萨斯州南部浸信会领袖、隶属于福音派基督教的包伯·琼斯大学的管理人员，以及纽约市的东正教犹太社区等。艾米·戴维森·索金（Amy Davidson Sorkin）在《纽约客》的文章中写道，受害者在宗教团体和其他团体中被视为麻烦制造者的原因之一是："人们会有一种错误的认识，认为具有团体意识就意味着你应该去保护所在团体中最强大的成员，而不是最脆弱的成员。"

不良行为引起的崩塌

2018 年秋天，达特茅斯学院心理与脑科学系一些已经毕业和正在就读的学生就该系三名知名教师提起诉讼，指控他们在长达 16 年的时间里对学生实施包括性骚扰和性侵犯在内的不当行为，整个心理学界都为之震惊。（2019 年 8 月，这起诉讼尘埃落定，达特茅斯学院为此赔付 1440 万美元，但该学院依旧不承认自己就此负有责任。）正如哈佛大学感情神经科学与发展实验室主任莉亚·萨默维尔（Leah Somerville）在描述她在达特茅斯大学就读研究生期间的经历时所写的那样："如果你本身就沉浸在一个有毒的环境中，那你就很有可能无法感知到这些行为。比如，我在那里的时候，某些教员就经常在实验室和公共场合拿实习生的性生活细节开玩笑。刚开始的时候，这些玩笑确实让我很不舒服，但随着这种类型的交流每隔一段时间就会发生，程度也越来越恶劣，我反而觉得它好像也没有那么可耻了。就在我眼皮底下，社会规范发生了变化。随着越来越多的行为被认为是可以接受的，其他不恰当的对话和行为也有变得正常化的风险。"

这里说的有毒的环境通常会逐渐扩大，因为不道德的行为都是先从一些小事开始，然后慢慢向外延展、扩大的。即使一个群体中的单个成员意识到不恰当的行为正在发生，他也可能保持沉默，因为他会认为群体中的其他人并不会发现这种行为存在问题。这样，群体规范就会随着时间的推移而逐渐发生改变。

这一变化的过程有助于解释为什么那些在唐纳德·特朗普（Donald Trump）还是总统候选人时反对，有时甚至是激烈反对他的共和党成员，反而在他当选后就支持他了。特朗普在竞选中的大部分时间都在嘲笑和诋毁共和党当权派——通常是通过推特，并一直在强调自己作为局外人的身份。鉴于此，许多共和党领导人在初选中并未支持他，并对他施政纲领的核心持怀疑态度且保留意见，也就不足为奇了。在他当选之前，许多共和党领导人不满于特朗普的攻击性言论和政策，反对他将墨西哥人描述为强奸犯，反对他提出的所谓穆斯林禁令。

当他真的当选总统时，我就特别想知道那些参议员和国会议员会有何反应。但是，结果令我非常失望，之前那些对他最直言不讳的批评者很快就变成了他的狂热拥护者。在特朗普当选之前，南卡罗来纳州参议员林赛·格雷厄姆（Lindsay Graham）将特朗普描述为"怪人"和"种族迫害（race-baiting）、仇外、宗教偏执者"等。格雷厄姆自豪地在推特上宣布自己不投票给特朗普的决定，但是选举之后，他的态度发生了翻天覆地的变化。他开始定期与总统一起打高尔夫球，并在福克斯新闻上公开表示："现在，我们有了一位总统和一个国家安全团队，这就是我魂牵梦萦了8年的东西啊。"

这种突然的转变不能被简单地视为机会主义而被忽视，因为这有时会给人一种感觉：除了一些明显的例外情况，共和党手中的道德指南针似乎已经发生了改变。正如直言不讳的保守派大卫·布鲁克斯（David Brooks）指出的："支持特朗普需要在日常生活中融入一些道德疏离（moral distancing）的行为，这一过程意味着，几个月后，你就可以容忍任何腐败，且在道德上对一切都感到麻木。"联邦调查局前局长詹姆斯·科米（James Comey）也在努力搞清楚为什么特朗普政府中有这么多人都不承认和不正视总统的不诚实问题。他在《纽约时报》的一篇评论文章中指出："当他（特郎普）在公共场合和私人场合撒谎时，你的沉默会让你成为同谋。"紧接着，他写道：

在与他的会面中，他那些关于"每个人在想什么"和什么"显然就是真实的"的断言，毋庸置疑地一次次冲击着你的价值观……因为他是总统，而且他基本上一直在说。结果，特朗普成功地把所有在场的人拉进了一个沉默的赞同圈。接下来，特朗普会攻击你所珍视的制度和价值观——他会告诉你，你一直说的东西必须得到保护，而之前的那些领导人必须被批评，因为他们并没有给你足够的支持。这个时候的你，却一直是沉默的。

这一过程从保持沉默开始，然后逐渐转变为默许，以至于到最后，激烈的批评者发现自己居然表达了对政策以及一个他们仍必须认识到在某种程度上存在严重缺陷的人的支持。用科米的话来说："当整个世界都在看的时候，你也会做台面上其他人都在做的事情——你谈论领导者有多了不起，和他在一起是多么荣幸。你模仿他的措辞，赞美他的领导能力，吹捧他对价值观的贡献。然后，你就迷失了，灵魂被他吞噬了。"

如此多共和党领导人身上出现的这种逐渐的转变可能会让许多人感到困惑，但对社会心理学家来说并不会如此。如第一章所述，米尔格拉姆研究的大多数参与者完全按照权威人物的命令向无辜的人实施危险的电击，但这仅仅是因为电击的强度是随着时间的推移逐渐增大的。参与者一旦迈出第一步，进行了第一次电击——电压很小，只有15伏，他在心理上就会变得难以自拔。同样的过程有助于解释：尽管特朗普发表了攻击性的言论，选择支持他的那些共和党领导人却发现，当特朗普发表同样或更多的攻击性言论时，他们很难站出来去反对他。也许是因为他们相信他所兜售的那个更宏大的愿景，即一个自豪而安全的美国——税收更低、法官更保守、移民更少。或者，也许他们只是想证明他们过去对特朗普的支持是正确的，不管是好是坏，都要沿着同一条路走下去。正如实证研究告诉我们的那样，一旦你朝着错误的方向迈出了一小步，就很难改变方向了。

北卡罗来纳大学的弗朗西斯卡·吉诺（Francesca Gino）和哈佛商学院的马克斯·巴泽曼（Max Bazerman）设计了一系列研究来测试如果不良行为随着时间的推移逐渐积累起来，人们是否就不太可能对此进行举报。研究人员要求参与者充当"审计员"的角色，对其他人给出的罐子里硬币数量的预估数值表示认可或不认可。在渐变的情况下，随着时间的推移，评估者会逐渐夸大他们预估的数值——每轮只增加 40 美分。而在突变情况下，评估者会突然做出大的改变——一次就增加 4 美元。在渐变的情况下，52% 的"审计员"对评估者给出的逐渐夸大的预估数值表示了认可，而在突变的情况下，这一比例仅为 24%。作者将这种差异归为"温水煮青蛙效应"，这一概念指的是，掉进沸水中的青蛙会立即跳出水面，而掉进温水中的青蛙会待在水中直到水沸，因为青蛙并没有意识到水温在逐渐升高——意识到的时候已经晚了。

现实世界中的企业欺诈案件为这种诱惑引起的崩塌提供了更有力的证据。对 13 名被指控会计欺诈的金融高管的采访显示，在几乎所有的案件中，他们的行为都是逐步升级的。一位前首席财务官这样描述："犯罪往往从小事开始，并且进展得非常缓慢。你最先做的就是把账目整理好，有些人说这不属于犯罪。好，那我们就会把这种行为合理化，认为这不是犯罪。"一旦走上这种不良行为的道路，你就很难把自己拉出来。"这看起来就好像是……你知道，当你第一次越界时，它是微不足道的或没那么严重的，或者随你怎么说都可以。"一位前行政官员说，"你所要做的就是抬起你的脚，跨过这条线……然后你就上船了。一旦上了这条船，也就意味着你再也下不去了。"

工作场所的文化改变

不道德的行为会给所有类型的组织带来伤害——从公司和大学到军事机关和情报机构，再到医院和警察部门，都囊括在内。美国注册舞弊审查师协会（Association of Certified Fraud Examiners）的一份报告显示，员工的不道德行为会给大多数组织带来大约相当于5%年收入的损失。在一些极端的情况下——想想比尔·奥雷利或电影制片人哈维·韦恩斯坦（Harvey Weinstein），所带来的财务成本可能会相当高。

尽管领导层的那些不良态度往往会逐渐向下渗透，但消除这种不良行为需要的不仅仅是识别那些不良行为者，还需要更广泛地改变工作场所的文化。工作场所需要培养一种文化，在这种文化中，道德行为包括做正确的事，而不是对同事做出的不良行为视而不见。拉姆·伊曼纽尔（Rahm Emanuel）市长在拉奎·麦克唐纳去世后对芝加哥市议会进行的一次演讲中谈到了芝加哥警方的缄默法则："这个问题有时被称为'细蓝线'[1]问题。这是一种忽视、否认，或者在某些情况下掩盖同事或同僚不良行为的倾向。任何官员都不应该仅仅因为有责任维护法律而表现得凌驾于法律之上。如果我们继续允许缄默法则在我们的警察部门存在，那我们就不能去要求那些住在犯罪猖獗的社区的公民打破他们的缄默法则。"

阻碍许多人直言不讳的关键因素之一，是他们对社会后果的恐

1　细蓝线（Thin Blue Line）：蓝色的中线象征着执法单位，两侧的黑色代表普通大众和犯罪。意为执法部门的警员作为保护者，保护着人民群众的财产安全。——译者注

惧。那些举报同事做出不道德行为的人通常会被称为"老鼠"或"告密者"。但是，即使是被贴上相比而言稍微中性一点的"吹哨人"（whistle-blower）标签的人，也常常会被人怀疑。正如杰弗里·维根（Jeffrey Wigand）——他揭发了他的雇主布朗和威廉森烟草公司故意在烟草中添加化学物质，为了使香烟更容易上瘾的事实，在《公司吹哨人生存指南》（*The Corporate Whistleblower's Survival Guide*）这本书的前言中写道："吹哨人这个名字需要被替换掉，为什么？因为这个词充满了贬义，就好像'老鼠''告密者''卑鄙之人'和'叛徒'等词一样。"在被问及他对用来替代的词有什么想法的时候，他说出——"有良知的人"。

雇用合乎道德规范的领导者

那么，一个组织能做些什么来营造一种真正重视道德行为的文化，使之不仅仅停留在组织的宗旨层面，而是落实到每个人的行动中呢？其实和许多事情是一样的，一个组织的道德文化也是从上向下流动的。纽约大学斯特恩商学院伦理领导力教授乔纳森·海特（Jonathan Haidt）强调："作为一个领导者，必须愿意并可以基于核心价值观来招聘或解雇、晋升员工，而不仅仅以是否达到一个最基本的目标或推动企业发展为标准。"

海德特领导着一家名为伦理体系的非营利公司，为其他公司提供基于调查研究拟定的战略，用来创造一种可以促进伦理、诚实和道德决策的工作场所文化。他所给出的第一条建议是，领导者应该首先塑造自己的道德行为——不仅仅是言语上的，还应该包括行动上的。这可能包括在公司遭遇困难时带头减薪，或者放弃一项会伤害投资者但有利可图的交易。海德特和其他人指出，强生公司前首席执行官詹姆斯·伯克（James Burke）就是这样一位将顾客健康置于利润之上的领导者。1982 年，在 7 人因服用掺有氰化物的泰诺胶囊而死亡后，他曾下令召回超过 3100 万瓶止痛药。海德特还肯定了扎珀斯（Zappos）的首席执行官托尼·辛（Tony Hsieh）在这方面所做的努力——他通过使用和员工一样大小的隔间来展示其道德领导力，减少公司内部的等级制度，优先实施针对所有员工的个人责任制等。

海德特还指出了被员工评为具有高度道德感的领导者所具有的一些共同特征。首先，他们都非常认真，这意味着他们细心、有思想、注重细节。具有这些特质的领导者不会走捷径，也不会对事情掉以轻心。其次，他们高度重视自己的道德水平。也就是说，他们注重自己是否诚实、有爱心和有共情能力。同时，符合道德规范的领导者也会以复杂的方式去思考道德问题，关注公平、正义和人权的原则等。

有一点是所有公司都应该谨记的，符合道德规范的领导方式是会带来回报的，走道德的捷径却并不会为公司带来任何好处。《哈佛商业评论》（*Harvard Business Review*）中总结的一项研究发现，在两年的时间里，员工对其品格（包括正直、责任、宽恕和共情）给予高分的首席执行官的平均资产回报率为 9.35%，几乎是那些低品格评分的首席执行官的 5 倍。员工认为品格得分最高的领导者会坚持正确的立场，表达对公共利益的关切，包容错误（自己和他人犯下的错误），并表达同情。那些得分低的人则被认为会有相反的表现：说谎，大家不相信他们会兑现自己所做的承诺，他们会因为一些问题而责备别人，因为他人犯错而对其进行惩罚，并且对他人漠不关心等。符合道德规范的领导者会激励员工做出更好的行为，而这又会进一步为公司带来更高的利润。

符合道德规范的领导方式如此有效，可能是很多因素作用的结果，其中许多可能是相关的。那些为有符合道德规范的领导者的公司工作的人有更高的工作满意度和投入程度，部分是因为他们觉得领导者关心他们并公平对待他们。所以，这些公司的人员流失率也会比较低。人们还会以领导者为榜样，所以员工不太可能做出不道德的行为，因为这会让他们付出高昂的代价。在那些重视符合道德规范的领导方式的公司中，注意到不道德行为的员工更有可能向管理层举报这种行为，因为他们相信他们所做出的举报决定会得到管理层的赞赏，而不是遭到报复，并且会遵守公平的原则。这就会使那些有问题的行为在相对较早的阶段停止，而不是慢慢升级。

鉴于有证据表明，身居高位的人与较低职位的人相比，有更低的可能性走上道德高尚的道路，寻找能够树立道德行为榜样的领导者就变得更加重要。美国西北大学和荷兰蒂尔堡大学的研究人员进行了一系列研究，他们把参与者（荷兰的大学生）分为高权力组和低权力组，那些"身居高位"的人被告知需要把自己想象成首相，那些处于低权力组的参与者则需要把自己想象成公务员。然后，他们被要求就三个道德两难情境（moral dilemmas）予以回应：一、是否可以接受在路上没有车且约会迟到的情况下，超速行驶；二、在报税单上隐去从兼职中赚来的钱；三、保管一辆被盗的或被丢弃的自行车，而不是把它交给警察。一半参与者被问及这种行为对一般人来说是否可以接受，另一半参与者则被问及是否觉得参与这种事情是正确的。

权力会影响道德判断吗？当然会。处于低权力地位的人通常会认为这些行为不管是他人还是自己所为，都同样是不可接受的。在其中两个案例中，他们甚至比其他人更严厉地评判自己的行为。但是，身居高位的人就不一样了。他们一致认为，同样的行为，如果是别人而不是他们自己所为，会显得更加令人难以接受。

这项研究可以帮助我们理解那种我们经常在领导者身上看到的伪善。研究结果表明，掌权的人对他人的要求会比他们对自己的要求更高——即使这种权力是短期存在的，且是随机分配的。该研究的发起者之一亚当·加林斯基（Adam Galinsky）指出了该研究结果与最近发生的丑闻之间的相关性："例如，我们看到一些政客利用公共资金谋取私人利益。但与此同时，他们又在呼吁缩小政府的规模，或者在倡导家庭价值观的同时有婚外情。"这种例子比比皆是，从宣扬自己帮助穷人的同时拥有私人飞机的牧师，到积极宣传自己的亲妇女价值观的同时对该社区其他成员进行性骚扰的好莱坞知名人士等，都在其中。

公司能做些什么来确保他们雇用的是符合道德规范且言出必行的领导者呢？乔纳森·海德特建议，如果不道德的行为会带来严重而持久的后果，就要选择那些不注重眼前短期收益而把目光放在公司长远前景上的领导者，他们应该可以对自己和员工一视同仁。拥有一个可作为道德模范的领导者并不能确保所有的员工都会跟随他一起改变，但这是必不可少的第一步。

拒绝容忍不道德的行为

那些想培养一种开放的有道德文化的组织，必须在多个层面清楚地表明对不道德行为的零容忍。这些信息要来自公司领导和主管，也要来自同事和同职级的人。道德培训不能放之四海而皆准，也不应该局限于你回去工作前漫不经心地浏览的在线培训视频。领导者需要接受培训，学习如何传达他们的期望——希望员工无论职级如何都要品行端正。

尽早制止不道德的行为是很重要的，因为随着时间的推移，个人会试图为自己最初的失误而辩解，欺诈行为往往会升级。《纽约时报》的记者杰森·布莱尔（Jayson Blair）于 2003 年提出辞职，起因是他被发现伪造和剽窃了一些文章。"这就好像一个东西开始崩塌了。"他解释道，"我觉得，一旦你意识到你可以逃避一些事情，一旦你越过了那条线，你就必须以某种方式解释：'我是一个好人，但我现在做了这样的事情，所以无论如何这件事必须是合理的、过得去的，我必须让这一切变得好起来。'然后，你知道，你要是这样认为的话，以后你做类似的事就容易多了。"

公司可以从建立一些规则开始，这些规则必须对那些诱人但具有欺骗性的行为起到限制作用。例如，一些医院禁止制药公司送礼。因为事实证明，从这些公司获得额外津贴（从吃饭到付费演讲，再到奢华的度假旅行）的医生会开更多的处方，推荐更贵的药物。发表在

《美国医学协会杂志》（*Journal of the American Medical Association*）上的一项研究比较了19个医学科学研究中心的2000多名医生在实施这种礼物限制政策前后开出的处方数量。结果显示，实施限制政策后，涉及品牌药物的处方减少了5%。这听起来可能是一个很小的变化，但这个小变化涉及的金额却达数十亿美元。

公司还需要明确的一点是，所有级别的员工，无论是谁，所遵守的道德标准都是一样的。很多时候，公司领导会忽视他们觉得不能疏远或失去的"明星人物"（比如带来大量拨款的学者、拥有高质量客户的对冲基金经理、获奥斯卡奖的电影制片人等）所做出的不良行为。看到"明星人物"并没有因为做出有问题的行为而被制裁的员工会认为公司是可以容忍不道德行为的，这种认知不仅降低了他们举报违规行为的意愿，也很可能增加他们做出不道德行为的可能性。

加利福尼亚大学欧文分校的克里斯托弗·鲍曼（Christopher Bauman）和来自南加利福尼亚大学、密歇根大学的同事做了一项研究，调查人们对常见欺诈行为的惩罚意愿。如在费用报告上撒谎和偷窃办公用品等，这些都是相对较小的违规行为，因此员工可能会认为这没什么大不了的，但随着时间的推移，这些违规行为会越来越多，导致公司产生非常高的成本。研究人员发现，如果参与者被告知公司高层也存在欺诈行为，那参与者就会表达不建议惩罚的意愿。如果首席执行官想在全公司范围内培养道德行为，他们就应该牢记这一发现。

打击企业欺诈的另一个策略是制定强有力的反报复政策。北卡罗来纳州立大学和巴克内尔大学的研究人员发现，当人们不害怕因举报欺诈行为而遭到报复时，他们更有可能向公司内的相关方举报欺诈行为。这种方法对上市公司尤其有利，可以帮助他们在证券交易委员会接到举报之前把问题解决，因为一旦证券交易委员会接到举报，那此行为带来的后果将不堪设想。

公司还需要记住，吹哨人所做之事有助于避免出现以后的问题。艾奥瓦大学蒂皮商学院的贾隆·王尔德（Jaron Wilde）对317家大型上市公司进行了调查，这些公司收到了吹哨人向职业安全与健康管理局进行的投诉。他发现，在接下来的两年时间里，收到投诉的公司比没有收到投诉的类似公司更少参与欺诈行为，如会计违规和逃税。王尔德认为，这些举报使公司在财务实践中更加谨慎，以减少未来可能存在的法律纠纷风险。

所有这些研究的收获是什么？对不道德行为的零容忍是有回报的。那些认识到道德行为是被期望的，甚至是必需的员工，将不会被诱惑朝错误的方向迈出哪怕是一小步。他们也会更愿意举报有问题的行为，这有助于在问题出现早期将其扼杀。创造一种所有员工都把道德行为放在第一位的企业文化可能需要改变公司的规范，但这最终会维护公司的底线。

设立提示和提醒

促使人们走向道德行为之路的最简单的方法之一是进行巧妙的提醒。许多大学要求学生在考试开始时写下或签署一份荣誉誓言，证明他们既没有给予他人帮助，也没有得到他人的帮助。这一策略旨在提醒学生诚实学习的重要性，并在开始考试时增强学生对自己行为的自我意识。正如第二章中所描述的那样，更强的自我意识会减少人们在集体任务中退缩的倾向，部分原因是我们都喜欢把自己看作有道德的好人。即使是增强自我意识的小暗示（如签字），也能促使人们做出更符合道德准则的行为。

哈佛商学院的马克斯·巴泽曼（Max Bazerman）和他的同事设计了一个巧妙的研究来测试一个简单的签字是否真的能减少不道德的行为。他们要求美国东南部大学的学生和员工完成一系列数学问题，每答对一个问题，他们将得到一美元。参加测试后，参与者被告知使用研究人员提供的答案给自己打分。随后，参与者会被发放三张表格中的一张，用来报告他们的分数和获取的奖励金。一张表格只是简单地询问他们正确答案的数量，另外两张表格则不仅要求参与者提供正确答案的数量，还要求他们在阅读一份声明后签字，声明尽他们所知，表格上提供的信息是正确和完整的。在一种情况下，这个签名框被放在表格的顶部，这意味着参与者需要在记录他们正确答案的数量之前签名。在另一种情况下，签字框被放在表格的底部，参与者会在正确答案数量被记录下来之后签字。

当研究人员收集表格（连同答题纸，这样他们就可以检查参与者是否诚实地报告了他们的分数）时，他们发现了惊人的结果。填写表格时没有签名和在表格底部签字的人有一半以上存在作弊行为，比例分别为 64% 和 79%。同时，只有 37% 在表格顶部签字的人对他们的分数进行了夸大。

这项研究的一个主要局限是，在研究中为了获得额外的几美元而作弊，看起来并不像是真正的不道德行为。这当然会与现实世界中发生的那些不诚实的行为有所不同，在现实世界中，风险和回报都要大得多。

基于此，为了在更现实的设定中测试签字可能带来的影响，同一批研究人员与美国东南部的一家汽车保险公司合作，创建了供该公司使用的两个不同版本的标准政策审查表格，并要求客户填报他们所投保的汽车当前里程表上的里程数。（里程表上的里程数越低，表明驾驶时间越少，发生事故的风险就越小，保险费也就越低。）投保客户被随机分发两张表格中的一张，这两张表格除了"我保证我提供的信息是真实的"这句话有所不同外，其他都是相同的。一半的表格把这句话放在表格的开头，另一半则放在了末尾。然后，研究人员比较了投保客户在这两种表格中填报的里程数。

结果显示，签字的位置非常重要。在表格开头签字的投保客户报告的里程数（平均 26 098 英里）高于在表格末尾签字的投保客户——23 671 英里，这一简单的改动就导致里程表读数增加了 10%以上。这些发现提供了强有力的证据，证明在有机会做其他事情之前，就诚实行事的意图对人们进行简单的提醒，可以在很大程度上提高人们按道德标准行事的概率。

当我们被提醒我们是谁的时候——签字肯定会提醒我们，我们也会被提醒我们是会做正确之事的好人。这正是我让我班上的所有学生在每次考试开始前签署一份誓言的原因。

这种微妙的暗示尤其重要，因为不道德的选择通常不会在深思熟虑之后出现，基本上都是偶然和几乎无意的。想想那些在考试中感到焦虑的大学生，他们会不由自主地去看一眼隔壁考生的试卷来"检查"一下自己的答案，或者一个为了赶截稿日期的记者，他疯狂地工作，开始编造引文。这些人几乎都是在无意中做出了不诚实行为，当下很快就做出了选择，很少考虑到潜在的后果。

另一个促使人们走上道德之路的微妙策略是，让人们在意识到自己的行为不当，并且感到后悔的时候，就此进行反思。为了对这一策略进行验证，芝加哥大学布斯商学院的艾勒特·菲什巴赫（Ayelet Fishbach）和罗格斯大学商学院的奥利弗·J. 谢尔登（Oliver J. Sheldon）做了一系列实验，来测试简单地思考自己之前的行为是否会促使人们做出更多的合乎道德的选择。在其中一项研究中，商学院的学生参与了一场模拟谈判。在谈判中，他们会作为买家或卖家的经纪人就纽约市一栋历史悠久的褐砂石建筑进行谈判。买方的计划是拆除褐砂石建筑，建造一家酒店，卖家的目标是只卖给愿意保护这栋建筑的买家。在开始谈判之前，一半的学生被要求就他们曾经为了取得成功而作弊，或以某种方式违反规则的情况进行反思，另一半人则没有被要求这样做。

研究人员发现，要求人们反思自己过去的不良行为确实降低了他们再次这样做的意愿。45%在谈判前被要求反思曾经做过的不道德行为的学生，会在谈判中通过撒谎来完成针对这栋建筑物的交易。而对于那些没有被要求反思的学生来说，这个比例则上升到了67%。要求某人反思自己曾经的不良行为，可能不如要求他们通过签字明确承诺来得有效，但这至少会促使他们思考自己正在做出的选择。

这些研究人员的其他研究显示，那些提醒人们诚实行事的暗示

（比如，写下自己的价值观和信仰，或者反思不道德行为带来的诱惑等）会降低人们谎称生病、偷窃办公用品或工作缓慢以逃避额外任务的意图。提醒人们不诚实行为会有多么诱人，似乎能提高他们抵制随后可能出现的不道德行为的能力。为什么会这样呢？

许多人可能会认为那些看上去很小的不诚实行为其实没什么大不了的，并不认为超速行驶、未报告额外收入、在支出账目中增加个人午餐的费用、从维基百科上抄几个句子或者很少量地捏造数据有什么了不起的。但是，如果我们被要求停下来就此进行简单的思考，通常就会意识到这些事情是错误的。这项研究的主要组织者奥利弗·J.谢尔登写道："人们经常认为坏人做坏事，好人做好事，而不道德的行为只是性格使然"，"但其实很多人都会时而表现得不诚实，且经常如此，这可能更多地与当时的情况以及人们如何看待自己的不道德行为有关，而非性格使然"。

在实验室和在现实环境中设定的这些研究，结果都证明了我在第一章中关于怪物的神话的观点——大多数从事不道德行为的人并不是故意的，他们会因为做出看似无关紧要的小的选择而陷入困境。环境中的一些行为（如签署表格、思考过去等），都可以鼓励人们做出更好的选择。

即使是细微的提醒也能帮助员工抵御诱惑。梅利莎·巴特森（Melissa Bateson）和她在纽卡斯尔大学的同事进行了一项开创性的研究，来检验细微的提醒是否真的会促发更多有道德的行为。巴特森办公室的咖啡吧台采用的是信誉系统，就是你可以随意喝咖啡或者茶，喝完直接把钱放在托盘里就可以了。但是因为没有人看着谁给了、谁没给，或者是给了多少，这就导致人们只有自己一个人时都会少给一点。为了看一下关于诚实的提醒是否会使人们的付款增加，研究人员决定在咖啡吧台旁边贴一张海报，为期10周。海报一共有两张，一张是一双眼睛，一张是一朵花。两张海报一周贴一张，轮流张贴。

张贴海报的结果甚至让研究人员感到惊讶。在张贴画着眼睛海报的那几周，人们付款的总额几乎是张贴画着花的海报的那几周的3倍。

所有这些例子都说明了环境中那些非常小的调整所蕴含的力量——在页面顶部签字、反思自己之前的行为，甚至是看着印有一双眼睛的海报——都可以推动人们做出更好的选择。道德行为的促发可能不需要人力资源部门或学院院长进行漫长且密集的培训，微妙的策略可能就有助于提高人们的道德底线。

营造一种直言不讳的文化

创建一个合乎道德规范的工作场所，有助于营造一种让所有员工都不畏于举报的良性文化。发现不良行为的员工通常不太愿意说出来，因为他们害怕遭到报复、被排挤，这就使得不良行为继续下去，并可能导致严重的后果。

普通工作人员不愿意对高层提出质疑的情况有时甚至会危及生命。20世纪70年代，美国发生的几起坠机事件都被归咎于机组人员未能对飞行员的错误决策提出疑问，其中就包括联合航空公司在俄勒冈州波特兰市的一次飞机坠毁事件。在那次事件中，飞机在坠毁前几乎耗尽了燃油。由这些事故引发的研究使我们对促使机组人员对飞行员言听计从的心理因素有了更深入的了解，也使我们对航空业培训程序的根本变化有了更深入的了解。航空公司开始使用美国宇航局开发的驾驶舱资源管理（Cockpit Resource Management）程序，该程序被广泛认为有助于保证飞行安全。

许多组织都执行了旨在创建一种问责文化的计划，在这种文化中，所有员工都有责任维护健康的办公环境。当员工看到有问题的行为时，会得到明确的指示，要求他们就此行为直言不讳，或者直接干预，甚至进行投诉。

要说工作文化如何改变，我认为最好的例子，是新奥尔良警察局在这方面所做的努力。当然，这种改变不是一夜之间完成的，而是随着时间的推移一步步进行的。多年来，新奥尔良警察局一直都是许多法律诉讼的对象，这些诉讼源于一些事件。在这些事件中，警察被指控栽赃、射杀手无寸铁的人以及掩盖他们的行为。彼时，公众对警察的信任度极低。2014年，一位新的警司迈克尔·S.哈里森（Michael S. Harrison）被请来改变该警察局的文化。他首先介绍了一个新的培训计划，该计划是由警察在外部专家的支持下开发的，旨在减少警察的不当行为。警察局的1000多名成员现在都被要求参加这个被称为"道德警务是勇敢的"（Ethical Policing Is Courageous，EPIC）计划。

EPIC计划致力于改变支撑现有缄默文化的基准——忽略同事的不良行为，通过防止不道德行为的发生来保护公民。该计划致力于塑造一种预期：当警察看到另一名警察有不良行为——不管是在报告上撒谎、栽赃，还是袭击嫌疑人等，他们都会挺身而出。但是，警察也可以从一开始就阻止这些事件发生，他们被教导如何成为积极的旁观者。如果看到同事处于做出不必要的有害行为的边缘，他们就会进行干预，比如尽快介入并促使他们的同事暂时离开，以避免做一些他们以后会后悔的事情。EPIC 计划传递给警察一个观念——忠诚并不意味着加入或忽视不良行为，相反，忠诚意味着要试图阻止不良行为的发生。新奥尔良副市长保罗·诺埃尔（Paul Noel）说："积极旁观者的身份是会传染的"，"你很难去抗拒一个直言不讳、一心一意做正确之事的同事"。

这个令人印象深刻的警察培训计划是如何产生的呢？这在很大程度上源于马萨诸塞大学阿默斯特分校的心理学教授欧文·斯陶博的长期工作，他致力于研究那些有助于人们克服旁观者不作为心理的因素。斯陶博对这个话题的兴趣可以追溯到他在匈牙利度过的童年时期，那时他的家人和其他犹太人一样，遭受迫害。但他们不仅得到了瑞典外交官拉乌尔·瓦伦贝格（Raoul Wallenberg）的帮助——这名外交官拯救了成千上万的匈牙利犹太人，斯陶博还得到了保姆的帮助，她是一名对家庭极度忠诚的基督教信徒，当时是下定决心并冒着生命危险帮助他们的。斯陶博一直致力于减少学校环境中的霸凌行为，并开发了防止种族灭绝和其他形式群体暴力的计划，最近还为警察部门创建了一个培训计划，以解决警察容忍甚至掩盖同伴不良行为这一看似普遍存在的问题。

1991 年，罗德尼·金事件发生后，斯陶博开始参与警察部门的工作。金遭到几名洛杉矶警察的毒打，而其他人则站在一旁观看。

加州的执法官员要求斯陶博制订一个计划，对警察部门进行旁观者干预技术的培训，帮助警察制止他们的同事伤害平民。斯陶博这样总结：产生影响的唯一方法是从深层次上改变警察队伍的文化，他的目标是通过减少对被排挤或降级的恐惧来降低干预的成本。"如果在警察系统中，你应该一直表现出对你同事的支持，而你却没有这样做，那你可能就会经常被同事甚至上级排挤，甚至抛弃。这样的话，你进行干预的成本就会相当高。"斯陶博说，"这也是包括上级在内的整个警察系统都对旁观者干预培训如此投入的重要原因之一，只有这样，文化才能真正发生改变。"这个计划就是新奥尔良现在使用的 EPIC 计划的基础。

EPIC 计划现在得到了新奥尔良警察局所有领导，包括警司在内的支持，警司还自豪地佩戴着完成 EPIC 培训后授予所有警察的徽章。这个徽章会向团队传达他对道德标准的态度，以及如果他自己的行为不当，他愿意去面对的意愿。包括阿尔伯克基、巴吞鲁日、火奴鲁鲁和圣保罗在内的其他城市的警察部门，也正在采取措施实施这一计划。哈里森在新奥尔良时就实施了这个培训计划。2019 年 3 月，他被任命为巴尔的摩警察局局长，他打算在那里继续实施这个计划。

改变工作场所（无论是警察局、律师事务所，还是参议院）的文化从来都不容易。最初通常都会遇到阻力，至少会在一些人那里遇到些阻力。如果这种阻力来自上层，那么改变文化几乎就变成了不可能完成的任务。斯陶博讲述了他在加利福尼亚州一个警察局进行培训时的一次经历。当时，他要求参与者练习干预策略，但一名警长拒绝这样做，他说："我不做角色扮演。"

有些人可能担心创造一种直言不讳的文化会导致一种不愉快的工作环境，在这种环境中，员工们会不断地相互举报。但事实并非如此，建立一种自上而下的道德行为文化意味着大多数员工将遵循适当的规则和规范，那些没有这样做的人通常会在有问题的行为升级之前被制止。但是，如果问题行为出自领导层，又该如何呢？

在权力较小的员工害怕就权力较大的员工做出的不良行为进行举报的情况下，道德培训尤其重要，如在医院、警察部门或军队这样的地方等。正如航空专家约翰·南希（John Nance）在他的书《为什么医院应该飞行》（Why Hospitals Should Fly）中所描述的那样，这些组织的文化强调了所有团队成员的责任，不管他们的地位如何，都要直言不讳。南希认为，领导者需要向各级同事传达这一信息。"你知道，我是一个非常好的领导者，但我也是一个容易犯错的人。"他坦诚道，"然而，如果我让一个没有顾虑或犹豫的团队在我身边进行交流——因为我培养了他们这样做的能力，并明确表示这是他们工作的一部分，我就会知道团队不会允许我犯的任何错误转化为负面的影响。"

创造一种员工认为主管和同事都支持诚实交流的文化，需要有两个重要的基础。首先，员工需要相信，举报会产生影响，他们的担忧会得到认真对待，而且领导者不会对其另眼相看，尤其当这种行为是由身居要职的人所为时。其次，他们需要感觉到他们的同事和他们一样关心不道德的行为，并且尊重他们举报不当行为的决定。即使在主管明确鼓励举报不当行为的情况下，那些害怕个人报复的人如果被同事排斥或职业边缘化，也可能保持沉默。

密歇根大学罗斯商学院的大卫·迈尔（David Mayer）和他的同事，就广泛的公司文化是否会影响人们举报不道德行为的问题进行了研究。在第一项研究中，他们对一家大公司的大约 200 名员工进行了关于道德行为的深入调查。受访者回答了关于他们的老板是否让员工遵守高道德标准（"我的主管会处罚违反道德标准的员工"），以及他们同事的行为是否符合道德规范（"我的同事在做出与工作相关的决定时会仔细考虑道德问题"）的问题。然后，他们被问及对违反公司道德标准的行为进行举报的可能性有多大。第二项研究调查了 16 家不同公司的 3.4 万名员工，再次询问他们的老板和同事是否有不道德行为。研究人员还询问受访者是否曾观察到不道德的行为，如果有，他们是如何回应的，以及对报复的恐惧是否会影响他们的决定。

两项研究的数据结果显示出一个基本一致的发现：如果人们相信工作场所的其他人（主管和同事）也有同样的担忧，他们会更愿意就不道德的行为进行举报；如果老板或同事，或者两者都不认为这种行为有问题，他们则倾向于保持沉默，其中至少部分原因是他们害怕被报复。因此，符合道德标准的行为在所有人都明确重视这种行为的公司中会盛行。如果你的同事因为你去人力资源部而给你贴上"告密者"的标签，那可能就意味着仅让你的老板对不道德的行为进行惩罚是不够的。如果你知道你的老板对不道德的行为只是睁一只眼闭一只眼，那就意味着仅让同事支持符合道德标准的行为也是不够的。

让人觉得可悲的是，这些发现并不会让人感到惊讶。如果人们会因为举报不道德行为而面临来自上级或同事的负面压力，那他们为什么要去举报呢？当然，这种恐惧是导致大多数人保持沉默的原因，即使是在行为异常恶劣的情况下，也同样如此。如果知道你将付出巨大的个人或职业代价，那你就很难做正确的事情。确实，这样做需要道德勇气。

学会行动

03

第九章 理解道德先锋

2003 年底，在美国占领伊拉克期间，24 岁的陆军预备役专家乔·达比（Joe Darby）抵达阿布格莱布监狱执行任务后不久，就收到了一位战友寄来的光盘，里面都是伊拉克囚犯的照片，其中许多照片都显示伊拉克人受到了折磨和羞辱。乔纠结于该做什么，他意识到他的战友们对囚犯所实施的行为是错误的，但是他担心如果他报告了虐待行为，就会因此遭到报复。他对他的朋友非常忠诚，而其中一些人也参与了这些行动。最终，他向美国陆军刑事调查司令部发送了一封匿名信，描述了他所看到的一切——还有一张光盘。"我知道我必须做些什么，"他告诉调查人员，"我不想看到更多的囚犯被虐待，因为我知道这是错误的。"

许多人——目睹这种虐待的军官和士兵、治疗囚犯的医务人员、情报机构的成员，以及那些看到照片或听到事情经过的人，其实都知道伊拉克囚犯正在遭受虐待。虐待行为被如此广泛地容忍了，以至于一张裸体囚犯叠罗汉的照片会被用作监狱审讯室电脑的屏保。一些人也曾试图报告或阻止这种虐待行为，但没有人走得像乔·达比那样远。

乔为自己直言不讳的决定付出了高昂的代价。尽管军方调查人员向他承诺匿名，并继续在伊拉克服役，但几个月后，他的名字就被披露了，人们称他为"老鼠"和叛徒。他也因此离开了军队，并在收到死亡威胁后被置于保护性监禁（protective custody）之下。乔·达比的案件特别引人注目，但不幸的是，这种对待吹哨人的方式并不罕见。

有这么多人并不愿意就虐待行为进行举报，但为什么乔就愿意呢？本书的前几章概述了人类面对不良行为保持沉默的自然倾向所依托的心理及神经基础。尽管不作为似乎对人类有着强大的吸引力，但一些人终究还是会选择挺身而出进行干预。理解是什么让这些人挺身而出的，可以让我们对如何激活更多的旁观者、塑造更多的道德先锋，有更深入的认识。

道德勇气的定义

我们经常会听到人们冒着生命危险去救人的戏剧性故事：跳进冰冻的池塘去营救一个溺水的孩子，跳到地铁轨道上去救一个摔倒的人，或者从一个枪手手里夺枪等。这种在遭受重大伤害风险时保护他人的行为需要冲动的"匹夫之勇"（physical courage）和异常的勇气。当然，不可否认的是，这种行为是值得赞扬的，做出这类英雄行为的人通常也会受到赞扬。他们没有理由害怕自己的行为可能带来的社会后果——事实上，他们甚至很可能会得到可观的社会回报。面对可能存在的巨大危险，做出这些行为需要勇气，但不需要克服社会压力。换句话说，他们需要身体上的勇气，而不是道德上的勇气。

诚然，有些行为需要身体和道德的双重勇气，比如人们冒着生命危险去做正确之事的时候。比如，在 2017 年菲律宾发生的伊斯兰激进分子杀害非穆斯林的事件中，就有穆斯林藏匿其基督教邻居。另外，还必须提到在战区工作的战地记者，他们也经常展现出道德和身体上的勇气，有时甚至为此付出生命的代价。

但是，道德勇气并不一定涉及危及生命的情况，道德勇气本身就意味着愿意因做正确的事情而招致社会的排斥。比如，叫停一个霸凌者的行为、直面一个使用涉种族主义诽谤或涉种族主义辱骂性语言的同事，或者喝止一个性行为不端的朋友等——所有这些都是道德勇气的表现，因为它们涉及在社会规范迫使我们保持沉默的情况下面对不良行为。人们可能，也确实会为这些行为付出代价——比如他们可能成为霸凌者的目标、错失晋升机会，或者失去朋友，但他们很少会面临重大的人身危险。

那些表现出道德勇气的人被心理学家称为"道德先锋"——他们"在面对现状时依旧会保持自己的原则性立场，拒绝服从，拒绝保持沉默，或者只是简单地在需要他们牺牲自己价值观的场景中继续前行"。面对潜在的负面社会后果，如遭受反对、排挤和职业挫折，道德先锋会坚定地捍卫自己的原则。在本章后面的篇幅，以及第十章大部分的篇幅中，我将讨论我们能做些什么来发展自己的这些特质，并帮助别人培养这些特质。

是什么塑造了道德先锋

是什么让一个人甘愿承受可能带来严重后果的风险，在面对不良行为时采取行动呢？事实证明，道德先锋往往有某些共同的特征。

首先，那些展现出道德勇气的人通常对自己感觉良好。他们往往有很强的自尊，并对自己的判断力、价值观和能力有信心。这些特征可能有助于他们抵抗和适应社会压力。但是，道德先锋所展现出的不仅仅是对自己所作所为的正确性的笃定，还有那种相信自己的行为会带来改变的信念。他们之所以能够进行干预，就是因为他们相信自己的干预会达到目的并产生一定的影响。

人们对自己的判断力和影响事件发展的能力的信心，在各种情况下都与道德勇气相关，从抵制参与反社会行为的同龄压力，到面对工作场所中的骚扰等，都囊括其中。2017年，比利时的研究人员决定就那些可以预测人们如何应对职场霸凌的因素展开调查研究。他们要求不同规模的公共和私人组织的员工完成一系列人格调查问卷，问卷内容包括对公正世界的信念进行的评估（"人们是否倾向于得到他们应得的东西？"）和自我效能感的问题（"你有信心实现目标吗？"）。然后，参与者会阅读一篇短文，内容是一名老板在心理上对其助手进行骚扰和霸凌，并会被问及他们是否会私下或公开支持该助手。那些普遍表示对自己的行动能力有信心的人——同意"我将能够实现我为自己设定的大部分目标"和"当面临的任务有困难时，我确信我会克服它们"这样说法的人——不太可能展现出对干预可能带来的后果的恐惧。另一项关于霸凌的研究得到了类似的结果：自我效能得分高的学生更有可能帮助并保护他们的同龄人免受霸凌行为的伤害。

高度自信很重要，因为相信自己的所作所为能带来改变，似乎是推动人们从释放善意走向做正确之事的关键因素之一。如果你并不认为这很重要，那为什么还要直言不讳（并承担这样做的后果）呢？

高度的自尊和自信不仅是对成年人，就是对于面临着融入社会群体的巨大压力的青少年来说，也是道德勇气的良好预测因素。自尊心很强的青少年和年轻人更有可能坚持他们认为正确的事情，即使这样做可能会对他们的同龄人不利。他们也能更好地抵抗同龄压力，拒绝随大流参与药物滥用和反社会行为，如在学校墙上涂鸦或无视"禁止入内"的标志等。

为了更好地理解那些对道德勇气起支撑作用的特定人格特征，泽维尔大学的塔米·索南塔格（Tammy Sonnentag）和堪萨斯州立大学的马克·巴尼特（Mark Barnett）对200多名七、八年级学生的特征进行了研究。首先，他们要求学生评估自己是否愿意面对保持沉默及顺应人群的社会压力，在面对不良行为时挺身而出或做正确的事情。其次，他们要求每个年级的所有学生和一名教师就每个学生在面临不遵守道德信仰和价值观的压力时所展现出的倾向进行评估。这种方法让研究人员能够评估那些自我认同为道德先锋的学生是否真的在以一种其他人看得见的方式表现自己，而不仅仅是想象自己有挺身而出的勇气。最后，所有的学生都完成了一系列评估其他人格特征的调查问卷，包括自尊、自我效能（自信）、果断、归属感和社会私刑主义（social vigilantism，一种将自己的信念强加于他人的倾向）。

研究人员发现，学生们自己、他们的同龄人和他们的老师在谁是道德先锋这一点上有很高的一致性。这就说明这些学生的道德勇气一定是显而易见的，足以让其他人看到和记住，又因为挺身而出去捍卫自己信仰的情况其实在青少年中很少见，所以学生和老师都很容易识别是谁做出了类似的行为。

这些年轻的道德先锋往往拥有特殊的人格特征，他们通常自我感觉良好，对自己的评价很高，比如会有"我觉得我有很多优秀的品质"和"我能像大多数人一样做好这件事情"等类似的想法。他们还对自己实现目标的能力和承受社会压力的能力充满信心，会对"我将能够成功战胜许多挑战"和"即使在群体的压力下，我也能改变自己的想法"等说法表示认同。

这些学生不仅高度自信、自我感觉良好，还会有优于他人的观点，因此他们有肩负社会责任去分享这些信念的想法。他们会认同"我觉得自己有社会义务表达我的观点"和"如果每个人都像我一样看待事物，世界会变得更好"等类似的想法，当其他学生倾向于保持沉默时，正是这种对自己观点正确性所持有的信心帮助他们直言不讳、畅所欲言。

另外，也许还有一点很重要，就是这些学生不太关心如何融入人群。这就意味着，当压力来临，必须在融入和做正确的事情之间做出选择时，他们可能会选择做正确的事情。

这些结果告诉我们，道德勇气不是一个简单的特征，与自我感觉良好或对自己的行动能力有信心也不同。相反，道德先锋似乎有一个明显的特征：即使在面对保持沉默的社会压力时，还可以为他们提供采取行动所需的技能和资源。

对成年人的研究揭示了道德先锋的一系列相似特征。为了评估与道德勇气相关的人格因素，法国克莱蒙奥弗涅大学的亚历山德娜·莫伊苏斯（Alexandrina Moisuc）和她的同事进行了一系列研究，调查人们对不同类型情况进行干预的可能性。他们招募了大学生和团体成员来阅读和应对各种场景，其中一个场景涉及火车上的青少年开同性恋和残疾人的玩笑；另一个场景描述了动物园里的一名男子在打他3岁儿子的脸；在第三个场景中，一个人把纸巾扔在了人行道的垃圾桶边。研究人员问参与者，他们是否会以某种方式表达他们的不赞同。

研究人员发现，表示愿意以某种方式表达他们不赞同的人和表示不愿意表达的人之间存在着很大的差异。表示他们可能会直面不良行为人的研究参与者表现出更高水平的独立性——即使其观点与众不同，在表达思想时也毫不犹豫，以及高水平的外向性——外向、善于社交、精力充沛。他们在利他主义和社会责任方面的得分也更高，这表明他们更能与受害者共情，对其有道义上的帮助义务，而且他们更易被同龄人所接受。

像这样的研究其实存在一个缺点，那就是它们太依赖于个体对意图的自我报告了。我们真正想知道的是，在现实世界中，某些人格变量是否真的能预测个体的助人行为。毕竟，我们中的许多人，甚至可能是我们中的大多数人，都想象着自己会在紧急情况下挺身而出，但是正如我们所看到的那样，我们经常达不到自己这种良好的预期。

为了弄明白这个问题，哥伦比亚大学的研究人员观察了在现实世界中发生紧急情况时帮助他人的一组特定人群的性格特征。这个紧急情况，就是大屠杀。尽管在这种情况下行动显然需要一些"匹夫之勇"，但在大多数人无所作为的时候采取行动同样需要道德层面的勇气。研究人员比较了以下三组不同成年人的性格特征：在大屠杀中至少救过一个犹太人的人、没有提供帮助的人、在第二次世界大战开始前离开欧洲的人。

冒着生命危险帮助犹太人的人在几个方面与不帮助犹太人的人存在着不同。首先，他们在独立性和感知控制方面得分较高，这表明即使别人不同意，他们也愿意坚持自己的信念，而且他们觉得自己的生活是由自己的努力和选择带来的。他们在冒险方面得分更高，对涉及一定风险的任务也更加适应。这些属性的结合似乎给了他们显示勇气的信心。但不仅仅是这样，他们还有着其他与关心他人有关的重要特质，比如利他主义、共情和社会责任感。这些特质会驱使他们感受到共情和行动的必要性，即使这需要顶着巨大的个人风险。

当然，大屠杀是一个很特殊的事件，不同于我们大多数人遇到的那种需要思考是否要采取行动的更普通的情况。

为了针对这种日常普遍情况进行调查，德国汉诺威医学院的研究人员向当地一家医院询问了为车祸受害者实施急救的人员的姓名，随后联系了这些人，并请他们完成一份人格调查问卷，总共有34人同意填写。研究人员还找到了那些目睹事故但没有提供帮助的人来完成同样的问卷。那些提供帮助的人在感知控制、共情和社会责任方面得分更高——与那些在纳粹德国手下拯救犹太人生命的人完全一致。

所有这些研究共同描绘出了一幅道德先锋的画像——一个自信、独立、无私、高度自尊且具有强烈社会责任感的人。

社会抑制的缺乏

前面提到过，道德先锋最重要的特征之一，就是他们相对不那么关心如何融入群体，也并不怕通过直言不讳的方式来支持自己的信仰和价值观。

波士顿学院的研究人员调查了新英格兰高中的学生对同学的恐同行为的反应，在这一研究中也发现了这些特征。他们询问学生在过去一个月内，听到或看到某种仇视同性恋行为的频率，以及他们是否以某种方式做出了回应，例如试图让肇事者停止、为被攻击的学生提供保护或把事情告诉成年人。学生们还完成了对各种人格特征的自我报告评级，包括勇气（"面对强烈的反对，我也经常能坚持己见""我能面对我的恐惧"）、领导力（"我负责""我第一个行动"）和利他主义（"我关心他人""我可以让其他人感到受欢迎"）。

三分之二的学生称目睹了某种仇视同性恋的行为，但他们的反应却存在很大的差异。其中女孩比男孩更容易做出反应，同性恋比异性恋学生更容易做出反应。这些发现与之前的研究结果一致，之前的研究表明，女孩更倾向于对霸凌的受害者表现出同情，人们更倾向于为属于自己群体的人说话。在利他主义和勇气方面自我评价较高的学生也更容易做出反应，这些学生可能不太关心挺身而出可能会带来的潜在社会成本，而是更关心忽视有害行为的后果。但是，研究还发现，普遍意义上的领导力与较高的回应率并不存在关联。研究人员假设，一些高中生可能会通过贬低或嘲笑社会地位低下的人、做出仇视同性恋的举动来获得地位。

与这项研究中挺身而出的学生不同，那些自我意识强或容易感到尴尬的人在面对不良行为时往往保持沉默。他们特别关注这种尴尬的互动可能带来的社会后果，所以可能会竭尽全力地避免这些情况的发生，有时甚至连低风险的社会对抗，比如告诉别人他们的脸上有墨水或者牙齿缝里有食物残渣等，他们都会刻意避免。

对尴尬的社会互动的恐惧会阻止人们在那些他们认为无关紧要的情况下采取行动，因为他们可以很容易说服自己：当下什么都不做才是正常的，为这给自己带来的后果是最小的。心理学家还发现，那些特别关注自己是否表现得泰然自若的人不太可能帮助那些看上去似乎因被什么东西呛到而要窒息而亡的人，尽管我们知道这种情况的后果可能会非常严重，但他们仍然认为情况存在足够的模糊性（比如也许这个人只是在咳嗽），这也就使得那些担心自己的行为看上去很愚蠢的人不愿意提供帮助。

个体间那种对是否能融入群体所展现出的关心程度上的差异，现在已经与某些大脑结构的差异联系在了一起。来自纽约大学、伦敦大学学院和丹麦奥尔胡斯大学的一组研究人员设计了一项实验，旨在观察大脑结构差异与抵抗社会压力的意愿之间的联系。研究人员首先使用了一种被称为"基于体素的形态学分析"（voxel-based morphometry）技术，测量了28个人大脑中灰质的体积，这种技术使用的是在核磁共振扫描中获得的三维大脑图像（灰质处理大脑中的信息，包括肌肉控制、视觉和听觉、记忆、情绪、决策和自我控制）。他们要求研究参与者列出他们喜欢的20首歌曲并给这些歌曲打分，然后给参与者展示可能来自音乐家的歌曲打分，这些歌曲打分与参与者的打分存在一些不同。然后，参与者有机会重新排列他们的歌曲偏好。这让研究人员可以衡量他会在多大程度上改变自己的评分，以符合"专家"的评分。

评分改变最大的人在大脑的一个特殊部位［眶额皮层（OFC）］上显示出了较大的灰质体积。我们从其他研究中知道，眶额皮层的作用主要是指导我们远离那些我们想避免的事情。也正是大脑的这一部分，负责对那些可能导致某种让我们厌恶的结果的事件产生记忆，比如触摸某个特定的杠杆时受到了轻微的电击等。评分改变最大的那些人，显然是对如何避免因自己的偏好偏离"正确"偏好所带来的不愉快感特别关注。

关于道德先锋，这个评分研究又告诉了我们什么呢？人们对社会冲突的适应程度明显不同，这种不同反映在人类大脑的解剖学差异上。换句话说就是：对一些人来说，感觉到自己与周围不同，会让他们特别不舒服；但对另一部分人来说呢，可能就没那么严重，这也让他们在面对社会压力时更容易挺身而出。但是，这项研究并没有告诉我们这些差异从何而来。眶额皮层上更多的灰质体积是天生的，还是为了抵抗社会压力而增加的呢？我们对此并没有一个清晰的认识，但我们知道，个体之间抵抗社会影响能力的不同，是可以在大脑中绘制出来的。

个体对社会影响敏感度的差异是只反映在大脑的结构差异上，还是也反映在神经反应模式的不同上？最近的研究对此进行了检验。宾夕法尼亚大学的艾米丽·福尔克（Emily Falk）和她的同事招募了一批刚刚获得驾照的青少年参与研究，用"赛博球"观察他们的大脑对社会排斥的反应。赛博球是一种标准的实验程序，参与者首先被包括在抛球游戏内，然后再被排除在抛球游戏之外（该程序在第四章中有描述）。

一周后，这些青少年参加了两次模拟驾驶，旨在观察他们的风险承受模式。参与者（这些青少年）首先单独完成了一项实验，然后与一个十几岁的男性乘客（实际上是研究人员安排的实验助手）一起完成另一项实验。在一半的情境中，"乘客"扮演的是一个谨慎的司机角色。他会对参与者说："不好意思，我来晚了一点。我开车比较慢，今天又老是遇到黄灯。"在另一半的情境中，"乘客"扮演的则是一个存在一定风险行为的司机角色。他会说："不好意思，我来晚了一点。通常我会开得更快，但是今天老是卡红灯。"随后，研究人员对参与者的驾驶模式进行了检查。

正如研究者所预测的，那些在"赛博球"游戏中被排除在外的人更容易在模拟驾驶过程中受到在场同伴的影响。青少年与同伴（非危险驾驶员或危险驾驶员）一起驾驶车辆并被排除在高风险驾驶行为之外，与青少年独自一人驾车相比，他们大脑中与社会性疼痛（前岛脑和前扣带皮层）和心智化相关的大脑部分——背内侧前额叶皮层（the dorsal medial prefrontal cortex）、右侧颞顶联合（right temporal parietal junction）和后扣带回皮质（posterior cingulate cortex）活动明显增加。而当他们与习惯开快车的同伴在一起时，他们尤其有可能闯黄灯——闯黄灯是这项研究中测试危险驾驶的标准。

这项研究显示，一些青少年在被排除在一个项目之外时会出现比其他人更糟糕的感觉，而当和同龄人在一起时，他们更有可能做出高风险行为。该研究报告的第一作者艾米丽·福尔克解释说："当孩子们被排除在外时，他们在大脑扫描仪中的表现最敏感，而当他们和一个乘客一起开车时，他们也愿意冒更大的风险，比如加大油门踩点冲过黄灯。"

同一组研究人员的另一项研究提供了额外的证据，表明与社会排斥相关的神经模式可以预测青少年的从众倾向。该研究让男性青少年完成一项由两部分组成的研究，首先是相同的社会排斥任务——赛博球，同时与一个功能性磁共振成像仪连接，紧接着是一个类似的模拟驾驶实验，同样是先单独完成一次，然后与一名自称平常开得慢或开得快的男性乘客一起完成一次。

研究结果再一次证明，那些对社会排斥有特定的大脑活动模式回应的青少年，会表现出较高的从众率。在这项研究中，那些对社会性疼痛（拒绝）和心智化（试图理解他人的想法和感受）有反应的大脑区域之间联系更紧密的人，更有可能迎合同伴的驾驶方式。因此，尽管早期的研究表明，那些大脑中对社会性疼痛和心智化展现出较高活跃度的青少年更容易从众，但这次研究结果似乎从另一方向说明了青少年的从众问题，即这两个区域之间较高的联系也会导致较高的从众率。它也证明了对社会排斥的神经反应与以避免经历社会性疼痛为动机的从众行为之间存在直接联系。

觉得不太需要从众的人可能愿意承担更多的身体和社会风险。军事心理学家戴夫·格罗斯曼（Dave Grossman）在他的《战争中的士兵心理》（*On Killing*）一书中，寻找击落最多敌机的空军飞行员的共同点。他发现这些飞行员小时候都经常打架，但他们并不是霸凌者，而是反击霸凌者的那一方。他们"面对别人时并不胆怯",这一特点在他们战斗时起到了很大的作用。

乔·达比决定向军事调查人员揭露虐待伊拉克囚犯的行为背后,可能也存在着一种对其他人想法的不在意。乔的高中老师兼足球教练罗伯特·尤因(Robert Ewing)用"独立"一词来形容他,说他并不是那种急于取悦他人的类型。尤因在接受《华盛顿邮报》采访时表示:"如果乔非常相信一件事,他完全可以毫无顾忌地挑战我的权威。"在哥伦比亚广播公司新闻的一次采访中,尤因说"只要他相信,他就会为此辩护",并说"乔并不是一个和他的同龄人相处融洽的人……(他)并不担心人们会有些什么样的想法"。

共情因素

1999 年,前警察凯瑟琳·博尔科瓦茨(Kathryn Bolkovac)被一家名为 DynCorp 的英国私营军事承包商雇用,在波斯尼亚和黑塞哥维那的联合国国际警察工作队担任人权调查员。在工作过程中,她发现 DynCorp 的官员涉及性行为不端,他们在当地召妓、强奸未成年少女,并参与非法性交易,但是当她向上级报告这些违规行为时,她却被降职,随即遭到了解雇。(2002 年,她赢得了非法终止合同的诉讼。)

是什么让她直言不讳地说出真相?对于身为三个孩子母亲的博尔科瓦茨来说,其中一个原因是她觉得自己与那些被虐待的女孩之间有着某种个人联系。她在接受国家公共广播电台采访时表示:"如果我说当时孩子们——我的女儿们，肯定没有经常在我脑海中闪过，那我一定是在撒谎。"

堪萨斯大学的丹尼尔·巴特森（Daniel Batson）认为，亲社会行为（旨在帮助他人的行为），可以通过两种途径来激发。一种是利己主义途径，很大程度上是通过自我聚焦来实现的，即如果回报大于成本，那我们就会提供帮助。这个途径的内在逻辑，有点类似于我们给一个无家可归的人一美元以便自己感觉好一点这种行为的逻辑。这样做花费很少——只有一美元，但是这样做的回报挺大——可以避免我们路过但是没有做任何事情时带来的内疚感。但是，巴特森的共情-利他主义假说（empathy-altruism hypothesis）让我们意识到，还有另一种途径可以激发亲社会行为，那就是关注他人——这出于帮助他人的真诚愿望，尽管我们为此会付出代价。当我们对一个人产生共情，并且能够从他们的角度真实地想象他们所面临的情况时，我们就会表现出利他主义。这种从别人的角度看世界的能力可以引导我们去帮助别人，尽管这需要付出相当大的代价。博尔科瓦茨能够想象自己的孩子可能遭受虐待，这种能力让她有了推动其就不当行为进行举报所需要的共情。

共情也可以解释：为什么相比陌生人或熟人，我们更有可能去帮助朋友。如果在工作场所遭到霸凌的受害者是朋友而不仅仅是同事的话，那人们为其提供保护的可能性就会大很多。同样的情况也存在于大学生的一些报告中，即当受害者是朋友而不是陌生人时，他们更愿意就一些潜在的性侵犯行为进行干预。

普吉特湾大学和得克萨斯大学奥斯汀分校的研究人员就当网络霸

凌的受害者是朋友时，大学生是否更愿意为其提供保护进行了调查。一些学生被要求回想 6 个月前发生在脸书上的一起网络霸凌事件，其中的受害者他们认识。另一部分学生则被要求想象一种情况，即他们得知一些比较尴尬的照片未经他们的同意就被发布到朋友的脸书页面上去了。随后，两组学生都被要求指出他们是否会以及如何进行回应。研究人员发现，更强的匿名性和更大的群体规模都降低了参与研究的大学生实施干预的可能性。但同时，却有一个因素增加了他们进行干预的意愿：他们觉得自己与受害者之间存在亲密关系。

加利福尼亚大学洛杉矶分校的梅根·迈耶（Meghan Meyer）和她的同事让参与者和他们最好的朋友一起进入实验室，以测试参与者在目睹自己的朋友和陌生人经历社会性疼痛时，是否会展现出不同的神经反应模式。使用功能性磁共振成像仪，研究人员对参与者在观看两场赛博球游戏时的大脑反应进行了观察。在游戏过程中，其中一个玩家一直被排除在游戏外。在一种情况下，被排除的人是他们最好的朋友；而在另一种情况下，这个人是一个同性别的陌生人（实际上游戏是预先设定好的）。

当人们认为他们的朋友被排挤时，大脑中被激活的区域是与情感痛苦相对应的区域——背侧前扣带皮层和脑岛（这与我们自己经历情感痛苦时被激活的区域相同）。当他们认为自己目睹的是一个陌生人被排挤时，激活区域则是我们在思考其他人的特征、信念和意图时使用的区域——背内侧前额叶皮层、楔前叶（precuneus）和颞极（temporal pole）。因此，目睹一个朋友经历社会性疼痛似乎让我们觉得自己也在经历这种痛苦。换句话说，就是我们产生了共情。但目睹一个陌生人痛苦时，却没有这种共情产生。

与对陌生人相比，尽管人们总是对需要帮助的朋友或爱人展现出更多的共情，但个体在他们的共情水平上却有着相当大的差距。为了对这些差距进行衡量，研究人员通常都会问研究参与者"别人的情绪对自己的影响有多大"这个问题。这包括了"别人快乐，你也感到快乐"的情况——"当一个朋友告诉我他的好运时，我真的为他感到高兴"，以及分享别人悲伤的情况——"当有人在我面前受伤时，我会感到难过"。在这些测试中得分较高的人表示，无论是在实验环境中还是现实环境中，他们都更愿意就不良行为挺身而出。例如，当学生看到有需要帮助的人时会感到巨大的心理压力。在这种情况下，他们更有可能为被霸凌的同龄人提供保护。

荷兰马斯特里赫特大学的路德·霍滕塞乌斯（Ruud Hortensius）和他的同事进行了一系列研究，对不同共情等级的人在紧急情况下如何做出反应进行了一番探索。他们首先对参与者在看到需要帮助的人时的个人不适程度进行了观察——通过询问参与者对"在紧急情况下，我往往会失控"和"当我看到有人在紧急情况下急需帮助时，我会崩溃"等说法的认同程度来达到研究的目的。真正的共情是通过他们对诸如"我经常对比我不幸的人产生关怀、关心的感觉"和"我经常被自己所目睹之事触动"这样的陈述的反应来评估的。参与者随后会观看一段视频，视频中的一名女性分别在无人旁观、1个或4个旁观者在场的情况下摔倒在地（紧急情况），或从地上爬起来（非紧急情况）。参与者被告知要在确定视频中是否有人需要帮助时尽快按下

"行动"或"不行动"的按钮。当参与者观看视频时，研究人员使用经颅磁刺激（transcranial magnetic stimulation）向运动皮层（大脑中负责肌肉活动的部分）发送脉冲，参与者的"行动准备度"（他们对刺激反应的准备程度）是通过附着在手腕和拇指根部之间肌肉上的电极来评估的，这一程序通常被神经科学家用来评估大脑某一特定部位的刺激是否会促使身体行动。通过这种方式，研究人员不仅能够判断出人们的反应有多快，还能判断出他们肌肉激活的程度。

在没有旁观者在场的情况下，可以感受到更高程度的痛苦和共情的参与者，对紧急情况的反应比在非紧急情况下还要快。但是，那些认为自己处于高强度个人痛苦中的人（这表明当他们看到有人需要帮助时会比其他人产生更多的不适感），在有更多旁观者在场的紧急情况下，则会表现出行动准备上的不足。这就表明，对于那些主要关心自己看到需要帮助的人时所产生的那种不舒适感的人来说，对其他旁观者可以帮助他们降低自己行动的可能性之情况实际上是有意识的，而对于那些拥有较高程度共情等级的人来说，潜在帮助者的数量和运动反应的程度之间并没有关联。也就是说，即使有其他潜在的帮助者存在，高共情者的肌肉也会被激活。

即使人们在紧急情况下进行干预，他们的行为也可能受到不同因素的影响。比如，对一些人来说，帮助行为是由他们希望消除不适感的愿望驱动的。如果有人能站出来帮忙，他们会非常乐意坐下来看着那个人行动。但对其他人来说，帮助是出于对有需要的人的关心，而不是为了自己更舒适。对于这些真正为他人着想的人来说，潜在帮助者的数量实际上是无关紧要的。

为了找出共情的神经学基础，乔治城大学的阿比盖尔·马什（Abigail Marsh）和她的同事对 19 位参与者的大脑活动模式存在的差异进行了研究。这些参与者都曾经做出过称得上极度慷慨的行为：向一个完全陌生的人捐了一个肾。这些捐赠者的杏仁核——大脑中处理情绪的部分，被发现比大多数人的杏仁核大 8%，而且它也表现得更活跃。

但是，我们对这一发现要持审慎的态度，因为它所发现的是相关性，而不是因果关系。这些肾脏捐赠者可能天生就有更大、更活跃的杏仁核，从而使得他们天生对他人更加关心。当然，也不排除一种可能，就是参与这种极端的利他主义行动会造成大脑回路主动的重组。不管因果关系如何，似乎这些非凡的利他主义者会表现出与更大的情绪反应相关的独特神经活动模式，并且可能会体验到与我们其他人不同的帮助成本。同时，不实施任何帮助行为实际上可能会让他们感觉更糟。

另外还有证据表明，这些做出非凡利他行为的人的大脑会对两种痛苦经历展现出与其他人截然不同的神经反应模式：亲身经历的痛苦和目睹他人经历的痛苦。在一项研究中，研究人员对将近 60 个人的共情等级进行了观察，其中一半的参与者向陌生人捐赠了肾脏，另一半参与者没有。然后，每个参与者都会与一个陌生人配对去完成一系列实验，在其中一组实验中，参与者在目睹他们搭档的右手拇指受到足以产生疼痛感的按压时，研究人员用功能性磁共振成像仪记录了参与者的大脑活动。在另一组实验中，参与者自己也受到了针对其大拇指的疼痛按压，同时他们的大脑活动也被记录了下来。随后，研究人员对两组人员的大脑活动进行了比较。

对我们大多数人来说，亲身经历痛苦肯定比目睹陌生人经历痛苦感觉更糟糕，但是那些表现出非凡利他主义的人的大脑对自己和他人所受到痛苦的反应几乎是一样的。这一结果表明，他们在目睹他人经历的痛苦时，也在经历着个人的痛苦，就好像这是他们自己所承受的痛苦一样。对于那些能深度感受到他人痛苦的人来说，选择将肾脏捐赠给陌生人可能确实是一件对他们来说颇具意义之事：如果他们在了解别人的痛苦处境时自己也感受到了痛苦，那帮助对方就会让他们感觉更好。

虽说向陌生人捐赠肾脏这个例子揭示的可能是身体勇气而非道德勇气，但很少有人会因为这个决定而轻视你，它确实存在着一些身体上的风险。另外，这些研究的发现对个体的道德勇气确实也会产生影响，因为共情的能力恰恰就是那些愿意为做正确事情而面对社会后果的人的一个重要特征。

找到你内心的道德先锋

我们在这一章中已经看到，道德先锋身上有着我们大多数人都没有的特殊特征。比如，他们自我感觉良好、对他人存在共情、不太在乎融入群体等，这种特征的结合使一些人（比如乔·达比）能够为了自己坚持的正义挺身而出。

那我们其他人该怎么办呢？难道我们注定是沉默的旁观者，不敢对不良行为直言不讳吗？幸运的是，并非如此。对于我们这些不是天生就有这种助人倾向的人来说，培养抵抗社会压力的能力依旧是可能的。换句话说，我们都可以通过习得一些能力而成为道德先锋。

首先，我们对行动中的道德勇气有一定的认识。斯坦福大学的阿尔伯特·班杜拉（Albert Bandura）提出的社会学习理论表明，人们通过观察环境中的其他人，包括父母、老师以及其他榜样，来学习如何行动。所以，目睹我们敬仰的人表现出道德勇气，可以激励我们也这样做。心理学教授朱莉·赫普（Julie Hupp）指出："那些看着自己父母为他人出头而长大的孩子，长大后很可能也会这样做。"

父母榜样效应有助于我们理解那些在暴力和社会动荡时期做出道德勇气行为的人。比如，20 世纪 60 年代在美国南部参加游行和静坐的许多民权活动家的父母都曾表现出道德勇气和公民参与精神；在德国大屠杀犹太人期间拯救犹太人的许多德国人也是如此。社会学家霍利·尼斯特·布雷姆（Hollie Nyseth Brehm）和妮可·福克斯（Nicole Fox）的一项研究发现，在 1994 年卢旺达种族大屠杀中，人们是否选择帮助难民的最强有力的预测因素之一就是他们的父母是否帮助过他人。在所有被采访的人中，有一半以上至少营救了一名难民。他们表示，自己的父母或祖父母在他们国家以前发生的暴力事件中也这样做过。因此，道德勇气的榜样可能会大大有助于激发个体做出充满勇气的行为。

其次，我们需要技能，并且要去实践。即使你想去做正确的事情，但如果缺乏抵抗群体压力所需要的技能的话，其实也是很难做到的。父母、老师和其他成年人可以通过鼓励孩子认识社会压力和质疑权威来帮助他们培养这些技能。当米尔格拉姆研究中的研究人员鼓励参与者施加电压越来越高的电击时，乔·迪莫（Joe Dimow）是少数几个成功挑战这位研究人员的人之一。他将自己做出的决定归功于他成长的家庭环境，即"沉浸在阶级斗争的社会观中，这告诉我，掌权者对是非的看法往往与我不同"。

这些技能的习得可以帮助人们经受住社会的影响，即使是在融入社会乃重中之重的青少年时期亦是如此。弗吉尼亚大学的心理学家招募了150多个孩子正在七年级或八年级就读的家庭，参与一项关于社交技能、亲密友谊、亲子关系和药物滥用之间关联性的研究。研究中，青少年完成了一份问卷调查，其内容是对他们如何处理困难情况进行评估——其中的困难情况包括与同龄人、父母和老师的冲突，以及他们可能被引诱从事违法行为（如入店行窃）。这些青少年还与自己的母亲进行了两次互动：他们围绕一个有争议的家庭问题（分数、朋友、家庭规则等）进行了讨论，并就他们遇到的问题寻求建议或支持。研究人员对这些互动进行了录像，并记录了青少年如何有效地捍卫他们的信仰，以及他们的母亲所展现出的热情和对青少年的支持。两三年后，同一批参与研究的青少年被问及他们的药物滥用情况，参照物包括酒精和大麻。

青少年与母亲互动的本质预示着他们将如何应对药物滥用的问题。在与母亲的争论中，用理性的争论而不是抱怨、压力或侮辱来坚持自己观点的青少年，最能抵抗日后同龄人带来的使用药物或饮酒的压力。相比之下，那些在争论中轻易让步的青少年，或者说即使没有被说服并因此认为自己立场错误但也会让步的青少年，更有可能在之后出现饮酒或吸食大麻的问题。另外，这些青少年可能会表现出类似的模式，即最初只是象征性地抵抗来自朋友的压力，然后就屈服了。得到母亲大力支持的青少年也不太可能出现药物滥用的情况，这些母亲在互动中的热情和积极表现，也传达了她们对自己孩子的重视和欣赏。（虽然这项研究只包括母亲，但很有可能来自父亲的有说服力的论证和支持也会产生同等的正面效果。）

支撑这些联系的确切机制尚不清楚，是关系的亲密程度更重要，还是理性表达观点的经验更重要呢？一种可能性是，那些练习过有效沟通技巧的青少年能够更好地与同龄人一起使用这些技巧。他们学会了如何表达自己的观点，并在压力下坚持自己的观点。另外，与父母有着温馨和较好支持关系的青少年可能也不太依赖朋友的意见，因为在某种程度上，这些青少年可能意识到，即使一个决定让他们失去了一个朋友，他们的父母也会永远站在他们身边。

最后，我们需要发展我们的共情能力。花时间与不同种族、宗教、政治、文化背景的人相处并试着去真正地了解他们，是很有帮助的。英国肯特大学的尼古拉·艾伯特（Nicola Abbott）和林赛·卡梅伦（Lindsey Cameron）证明了：在他们的社区、学校和运动队里与不同种族的人有更多接触的英国白人高中生，具有更高的共情水平，也对来自不同文化背景的人持更开放的态度且更感兴趣。同时，他们也会以更积极的方式去看待来自不同少数群体的人——认为他们诚实、友好、勤奋，并且不太可能给他们贴上愚蠢、懒惰或肮脏的标签，这样做带来了很大的回报。另外，共情等级和开放度较高、偏见较少的学生更有可能声明自己的意愿。如果一个同学涉及种族诽谤，他们会就此直接挑战肇事者，并给予受害者保护，或者告诉老师。当然，有些学生可能不会怀着这些良好意愿去干预现实中发生的事件，但至少有这样的意愿，这是重要的第一步。

积极努力地培养他人，尤其是年轻人的共情能力也很重要。一项元分析显示，大学生中的共情正在减少。该分析结合了1979—2009年30年间对美国大学生进行的72项研究的结果，与20世纪70年代的大学生相比，21世纪初的大学生不太可能对"我有时会通过想象朋友们的视角来更好地理解他们的感受"以及"我经常对那些不如我幸运的人有着关怀、关切的感觉"这样的说法表示认同。

伴随共情的下降而来的，是同时期大学生自恋情况的增加，自恋是一种对自我过于积极的看法。当然，其他社会因素也可能导致共情的丧失，其中就包括"越来越关注个人的成功，而不是与他人的关系"这一点。这种转变的原因尚不清楚，是社交媒体的影响、育儿方式的改变，还是高压的大学录取过程？但其带来的后果是无可争议的，较低的共情水平产生较少的道德先锋。

家长、老师和大学生所在群体的成员可以做一些事情来抑制这种趋势。首先，他们可以强调共情是一种技能，而不是一种固定的特征，虽然有些人似乎有更高的与生俱来的共情等级，但我们其实都可以通过实践来习得这种能力。斯坦福大学的卡罗尔·德韦克（Carol Dweck）和她的同事已经证明，较低程度的共情学习就能增加我们试图理解他人观点的意愿。那些仅仅被告知共情可以培养的人，就展现出了更多与在社会或政治问题上持有不同观点的人交谈的意愿，并更愿意倾听来自不同种族群体的人的事迹。

我们上面所说的这些，应该可以为所有人带来希望，它揭示了一个真理——共情是成为道德先锋的关键，是第一步，是任何人都可以习得并发展的一个特征。

第十章　成为道德先锋

这本书的大部分内容都集中在心理因素上，这些因素是大多数人在目睹有人陷入困境时保持沉默的潜在原因，但我也向你们介绍了许多表现出令人钦佩的道德勇气的人。然而，我们不能就这样袖手旁观，等着道德先锋在不良行为面前挺身而出，我们真正需要的是让更多的人就不良行为直言不讳，而不管自己的倾向如何。换句话说，我们需要创造更多的道德先锋。

我已经谈到了很多在家里、学校、工作中、我们所处的群体之中我们都可以使用的策略，来激发道德勇气和进行迫在眉睫的改变，现在就让我们重新审视其中的一些策略，并把它们整合在一起。

相信变革

面对不良行为，我们中的许多人会选择保持沉默，因为我们认为仅自己一个人就不良行为直言不讳并不会给当下的情况带来什么改变。如果每个人都有这种想法，没有人选择行动，那不良行为就会继续。塑造道德先锋的一个关键步骤就是帮助人们理解沉默的代价，并说服人们相信自己的行为是有价值的。

斯坦福大学的阿内塔·拉坦（Aneeta Rattan）和卡罗尔·德韦克

进行了一项研究，围绕人们对针对偏见直言不讳的有效性的看法是否会影响人们直言不讳的意愿。他们要求黑人、拉美裔和混血学生与搭档一起，就如何做出录取决定这一话题进行在线讨论。每个学生都和同一个搭档配对—— 一个叫马特的大学二年级白人学生（实际上该角色由实验者扮演）。在交流中的某个时间点，马特会在讨论群组中写道："我真的很担心，因为'多元化'招生的事情，我不得不把这个标准再提高一些……很多学校都保留招生名额给那些并不是真的像我这么优秀的学生，我简直被吓坏了。"

研究人员想知道谁会对马特的声明表示某种形式的反对。

首先，坏消息是只有大约 25% 的学生对马特提出质疑。但也有好消息：那些在之前进行的调查中表示他们相信一个人的性格会改变的人更有可能对马特的评论表示担忧，其中将近 37% 的人与马特进行了对质。其他人可能认为，如果他们的干预不起任何作用，那么指出马特的不良行为就没有意义。

为了测试更露骨的偏见表达是否会导致更高的干预率，同一批研究人员进行了第二项研究：让学生阅读一份场景描述，是他们在一家知名公司进行暑期实习的第一天所经历的假设场景。在这个场景中，当参与者与其他实习生谈论对公司的第一印象时，其中一名男实习生评价道："我对在这里工作的人的类型感到非常惊讶……所有这些'多元化'的雇员——女性、少数民族、外国人等，我想知道这家公司在业内还能保持多长时间的领先地位。"

大多数参与者都认为这种说法非常无礼。然后，参与者会被问及是否会直面说这句话的人（"我会冷静并坚定地表达我的观点，试图教育他"），或者会避免与他接触（"我会尽我所能假装它没有发生"），还会被问及他们不再与此人互动的可能性。

这一次，参与的学生们被问及的是，他们认为自己会做什么，而不是在行动中被观察。但和第一项研究一样，他们在改变人们想法的可能性这一问题上的看法，存在很大的不同。那些认为个性具有可塑性的人（德韦克认为这是"成长心态"的核心）更有可能表示，会直面发表攻击性评论的实习生，并且也表示自己不回避以后与该实习生的互动。而那些有"固定心态"的人——他们认为个性特征和能力是天生的、基本上是不可改变的，则倾向于更加被动和回避的态度。所以，如果你想鼓起勇气说出来，一个好的开始应该是，相信说出来确实可以带来改变。

学习技能和策略

仅仅相信变革的力量不足以让我们大多数人直面不良行为，我们还需要特定的技巧，最好是那些不会让人觉得太有对抗性的技巧。正如在第四章中我们谈到的那样，受过急救或心肺复苏术等专门训练的人，更有可能在有人面临身体危险时进行干预。当挺身而出存在社会成本时，培训在帮助人们进行干预方面同样发挥着重要的作用。

面对不良行为，我们大多数人最大的恐惧是尴尬或不舒服等感受，我们不想大吵大闹或陷入尴尬的境地。对策略的简单学习确实可以培养道德勇气，但我们还需要一整套的技能。毕竟，面对一个你怀疑在虚报差旅费的同事，与直面一个队友的性别歧视言论所需要应对的方式不同。正如我们在第一章中看到的，在米尔格拉姆实验中，最有能力抵抗命令的人是那些以更多样的方式进行抵抗的人。

直言不讳的一个策略是找到一种简单明了的方式来表达关注或反对，这种方式不会让你陷入一个漫长的"可教时刻"（teachable moment）[1]或者造成对其他人的羞辱。它只是简单地识别（对参与行为的人，也对观察行为发生的人）此评论或行为是不合适的。

一项研究调查了职场上对同性恋恐惧症的反应，发现最有效的对抗方式是冷静并直接地做出"嘿，这并不酷"或"别用那个词"等类似的回应。一种类似的方法——公开表示不同意，可以用于几乎任何类型的有害行为，从制止校园霸凌到直面一个对下属不好的领导等。这种方法清楚地传达了什么是不可接受的，这是塑造新社会规范时需要迈出的重要的第一步。

另一个选择是让你自己不舒服，而不是让不良行为人不舒服，这降低了你让对方感觉不好或有所防备的风险，但仍然表明他们的评论或行为是错误的。这样做的一种方式是揭示一种个人联系来对你的反应进行解释，你可以说，"我在天主教堂长大，所以听到这样的评论让我感到很难受"，或者"我的一个密友在高中时遭受过性侵犯，所以关于强奸的笑话让我很不舒服"。

另一个策略是假设评论是幽默的（即使不是），并给出一个针对幽默评论的回应。比如，你可以这样回应一条关于选举女性为总统

1　可教时刻：流行语，指抓住机会说你想说的话，并抽空给别人上一课。——译者注

的性别歧视评论："我知道你只是想搞笑，但有些人真的认为女性太情绪化了，当不了总统！"这种方法说明了你对这个评论的不同观点——无论是对说这句话的人还是对其他人，但它不会让说这句话的人显得愚蠢或糟糕。这种策略将他们从外团体转移到一个小圈子里，并把他们置于你一方。

练习，练习，再练习

学习不同的技巧来对抗偏见或不道德的行为会带来不同的效果，但是仅仅学习技巧和策略是不够的，还需要对这些习得的技巧和策略进行实践和练习。积极地对攻击性言论或有问题的行为做出不同类型的回应，有助于减少直言不讳可能涉及的抑制效果，并可以让回应显得更加正常，这同时增加了我们在现实情况下进行干预的信心。

在学校、大学和工作场所，最有效的培训计划不仅提供了如何处理困难情况的技能，还为参与者提供了大量有计划的活动和通过角色扮演进行实践练习的机会。这也是旁观者干预项目的一个显著特征，该项目被广泛用于防止高中生和大学生之间可能发生的性侵犯行为，同时是新奥尔良警察的 EPIC 培训项目。

训练加实践练习的模式甚至被证明对幼儿也有效。得克萨斯大学的研究人员对美国西南部一所学校的幼儿园到三年级的学生进行了一个关于如何回应性别歧视言论的培训项目，所有孩子都接受了关于霸凌和性别定型（gender stereotyping）观念的课程，这些课程就什么是涉性别歧视的评论给出了一些例子。比如："只有男孩才能玩这个游戏"，"你不能当医生，你必须当护士"，"男孩比女孩更擅长数学"等。然后，孩子们被分成两组：第一组中的孩子被告知了两个关于其他孩子面对同龄人发表的性别歧视言论的故事，并被要求画一幅画来说明其中一个故事中他们最喜欢的部分；第二组中的孩子则会围绕面对涉性别歧视评论做出反应进行实践练习，比如说出"别闹了，没有哪个组是最好的"或者"我不同意！性别歧视在我看来太愚蠢了"等。

培训结束后，研究人员故意让两组学生接触涉性别歧视的言论，以评估他们的反应。他们要求每个孩子单独携带一个反性别定型的物品到办公室，这样就可以把它归还给丢失它的人：女孩会携带一个工具带，男孩则会携带一个钱包。在去办公室的路上，一个同性别的孩子（这个孩子按照研究人员的指示行事，并由老师根据孩子的表演能力特别挑选）发表涉及性别歧视的言论，说"钱包是给女孩的"，或者"工具带是给男孩的"。一个藏起来的观察者准确记录孩子的反应，研究人员随后将其归为四个类别中的一个：同意（"我知道！"），忽略（只是从另一个孩子身边走过），反对（"这么说太刻薄了！"），或挑战（"世上没有专为男孩准备的东西"）。

研究的结果又一次强调了实践练习的好处。在练习对涉及性别歧视评论做出反应的小组中，有20%的孩子以某种方式对这种说法提出质疑。相比之下，另一组只有2%。对我们大多数人来说，仅学习如何应对偏见是不够的，我们还需要实践和练习。

担心那些小事

　　培养道德先锋的另一个关键策略是教导人们朝着正确的方向迈出一小步——甚至可以是拒绝朝着错误的方向迈出一小步，这会产生很大的不同。正如我们在前面章节中看到的，这正是在那些最有效的培训项目中使用的方法，这些项目旨在防止学校中的霸凌、大学中的性侵犯和警察中的问题行为发生。这就是为什么孩子们和老师被教导，当他们看到一些难以描述和分析的侵犯形式（比如辱骂和排挤等）要进行干预，而不是等待霸凌升级为更严重的形式再进行干预。这同时也是企业需要创造一些巧妙的提醒来触发员工的道德行为的原因，这样员工就不会被诱惑朝着有问题的行为迈出最初的那一小步了。

　　从一个更加全球化的层面来看待这个问题的话，会发现已有研究表明，让人们去理解那些看似微小的举动是如何升级为暴力的过程，对化解危险局面、激励行动都是有帮助的。心理学家欧文·斯陶博和劳里·皮尔曼（Laurie Pearlman）发现，增加人们的共情和减少他们服从权威人物的倾向都是有可能实现的，他们在卢旺达、布隆迪和刚果就疗愈与和解进行推广工作时，就通过工作坊和广播剧传达了面对不良行为无所作为可能带来的严重后果。这些广播剧无一不强调了这样的主题："被动助长伤害，而人们的行动则抑制了伤害"，"贬损增加了暴力的可能，而教化则可以减少它"。一年后的一项评估显示，接触这类信息会增加人们直言不讳的意愿。一旦人们理解了沉默的后果，就更有可能采取行动，抵制那些看似微小的行为。比如，使用非人性化语言（dehumanizing language）和对不同群体进行物理隔离，很可能有助于防止种族灭绝行为的爆发。

这些发现有力地证明了促使人们尽早干预的重要性，并且表明，一个人只要朝着正确的方向迈出一步，就能成为道德先锋。帮助犹太人的那些德国人都是普通人，他们意识到自己应该帮助那些被迫害的人，而帮助行为通常都是从非常小的事情开始的，比如为他们的犹太邻居购买食物或供应品——犹太人当时在大多数商店都不能购物。在这些较温和的行为之后，这些德国人通常会采取更大、更冒险的行动，比如把一个犹太人藏起来一段时间等。

当时在纳粹德国统治下出现的这些冒着生命危险提供帮助的例子是极端且不寻常的，但与之同样的过程在各种更加普通可见的情况下都在起作用，从拒绝让同学抄作业，到在办公室里对涉种族主义言论直言不讳，再到对运动队欺侮行为的报道等，都包括其中。所以，成为道德先锋可以从非常简单的事情开始，比如迈出勇敢的一小步。

培养共情

2017 年，达特茅斯学院心理学和神经科学研究生克里斯蒂娜·拉布诺（Kristina Rapuano）做出了一个艰难的决定：向校方举报她的学术顾问威廉·凯利（William Kelley）。她告诉学院的管理人员，在两年前一次会议后的晚宴上，她喝多了酒，凯利强奸了她，而她则是在听闻凯利还在持续与其他女学生发生不正当性行为后才决定就此进行举报的。拉布诺在接受《纽约时报》采访时表示："我觉得自己在想终结这种延续了几代人的模式的想法中得到了保护，同时我意识到它会继续下去。"

拉布诺对其他女人的共情给了她勇气，让她去承担直面不良行为所带来的后果。共情是道德先锋的共同特征，许多旨在教授人们在目睹诸如霸凌或性侵犯等不良行为时进行干预的项目，都把重点放在培养对受害者的共情上，以此作为激励行动的一种方式。正如我们在第九章中看到的，花时间和与我们在种族或文化上不同的人在一起可以增强我们的共情，并增加我们在他们需要帮助时挺身而出的可能性。

这种说法听起来既令人沮丧，又令人鼓舞。我们生活在一个日益两极分化的社会中，人们被分为"我们"和"他们"——在美国，这表现为红色州对蓝色州，美国全国广播公司（NBC）的观众对福克斯新闻的观众，沿海精英对生活在中心地带的"真正的美国人"等。这些分歧让我们更难同情那些与我们不同的人，我们也没有花太多时间和他们在一起，这也可能有助于解释为什么美国的共情水平似乎在不断地下降。

但是请记住，共情并不是天生的，而是可以培养和发展的。有些人可能可以很自然也很容易地通过别人的眼睛来看世界，那我们这些不能如此的人呢？其实也可以通过专门花费些时间和精力让自己变得更有共情能力，从而在道德层面更有勇气。

扩大你的小圈子

相比陌生人，我们大多数人还是更愿意为自己的朋友提供帮助。比如，我们会为遭到霸凌的工作上的朋友提供帮助和保护，干预并保护朋友免受性侵犯的伤害等。然而，在陌生人里，其实也存在着我们更愿意去提供帮助的一部分——那些我们认为与我们有着共同点的陌生人，比如同为一个队伍的粉丝。

一个相对简单的提高我们挺身而出意愿的方法是通过关注我们与他人的共同点而不是我们之间存在的不同来扩大我们自己的小圈子。也许你还记得第二章的研究结果，如果一个陌生人穿着曼联队的球衣，曼联队的球迷就更有可能为他提供帮助。在一项后续研究中，同一批研究人员又一次招募了一批曼联的球迷，并让他们面对同样的紧急情况——一个人摔倒了，看起来很痛苦。在某些情况下，这个摔倒的人穿着曼联球衣；在其他情况下，有时候穿着利物浦的球衣，有时候穿一件普通的 T 恤。

但是在这个版本的研究中，参与者需要在目睹紧急情况之前完成一篇短文，需要对他们自己和其他球迷之间的共同点进行描述。另外，他们还回答了一系列问题，比如作为一名球迷对他们来说有多重要，以及他们与其他球迷的联系有多紧密等。这些操作的目的是创造一种广义的共享身份认同——球迷，而不是狭义的身份认同——某个特定球队的球迷。

在随后的研究中，有 80% 的参与者停下来为穿曼联球衣的人提供帮助，而停下来为穿普通体恤的人提供帮助的参与者只有 22%。但与早期研究中很少有人帮助穿对手球衣的人不同的是，这次有整整 70% 的人停下来为穿利物浦球衣的人提供帮助。

拓宽我们看待自己以及看待与他人的联系这两个方向上的视野——作为大学生而不是某个兄弟会的成员，作为美国人或英国人而不是某个特定种族或宗教的成员，甚至最终只是作为人类的一分子——可以帮助我们减少人类根深蒂固的不作为倾向。

寻找合乎道德规范的领导者

一个春天的早晨，当我的儿子罗伯特走进曲棍球队的更衣室时，队员们在谈论他们的周末计划。当队里的一个男孩提到他那天晚上要和一个约会对象去跳舞时，另一个男孩开玩笑地说："他叫什么名字？"当队里的其他孩子都狂笑不止时，教练以迅雷不及掩耳的速度介入了进来，说道："他的约会对象可能是个男孩，也可能是个女孩，这不是什么大不了的事。"

当罗伯特和我分享这个故事时，我被他教练在更衣室里的言论深深地触动并心存感激。处于领导或权威角色的榜样——如教练、教师和政治领袖等，在激发道德勇气方面尤为重要，他们的言行会传达一个明确的信息，即什么是可接受的行为，什么是不可接受的行为。

在阿默斯特学院职业生涯的早期，我教过一个大约 25 个人的班级，其中包括了 5 名参加足球队的学生。这些学生经常来上课，但从不参加课堂讨论，这给其他学生带来了很坏的影响。他们非常显眼——部分原因是他们比班上的其他同学要壮硕很多，而且他们都从属于一个高地位的校园群体。试图促进课堂讨论变成了一件非常困难的事情，经过几周的沮丧之后，我决定尝试一些新的方式。我给足球总教练 EJ. 米尔斯（EJ Mills）发了封邮件，解释了课堂上发生的事情，并请求他帮助。

EJ 给出了一个非常巧妙的解决方案。他询问了这些球员的名字，然后给他们所有人发了封电子邮件，并抄送给我。他的邮件异常简短："任何下周不在桑德森教授的课上参与讨论的人，周六都不能上场。"正如你可能想象的那样，这个问题立即就得到了解决。

处于领导地位的人发出的这种强烈的信号可以对建立几乎所有类型的社会规范带来很大的帮助。一项对 3000 名大学足球运动员进行的研究，调查了他们的教练传达的对适当的场外行为的期望是否与运动员在目睹问题行为时进行干预的可能性相关。球员们被问及他们的教练或体育部的成员是否曾就三个话题与他们或整个队伍交流过：对待异性成员的适当方式、关系暴力问题，以及如果他们看到周围发生了不对劲的事情，需要就其直言不讳。球员们还会被问及他们的教练是否会因为球员糟糕的场外行为而对他们进行严厉的处罚。在问完这些问题之后，研究人员会要求参与者对他们"干预导致不适当性行为的情况"的可能性进行评估。

教练的话非常重要。那些从教练处或体育部的其他成员处听过良好行为的重要性，并且被鼓励在目睹有问题的行为时直言不讳的运动员，更有可能表示他们会进行干预以防止不适当的性行为发生；那些强调违反场外行为将受到惩罚的教练所带的球员也更有可能表示他们会进行干预以阻止这种行为。这项研究并没有告诉我们，这些球员是否真的会坚持他们的想法，但其确实表明，教练至少在建立这种正向的想法方面发挥着作用。

另外，需要注意的是，领导者是存在多种形式的。有些领导者是正式任命的——教练、首席执行官、警察局局长、大学校长等，但另外还有许多人，其实是可以担任非正式的领导角色的，比如高中和大学里年纪较大的学生经常成为他们年轻同辈的行为榜样，新员工会通过对更高级别的员工的观察来学习组织规范等。一个组织中如果有且只有一个符合道德规范的领导者，就可以激励其他人去追随这个领导者的脚步，从而产生道德勇气的连锁反应。

找个朋友

在这本书里，我描述了许多朋友之间相互鼓励去做正确之事的道德勇气行为，从两个高中高年级学生通过制造"粉色海洋"来支持一个被霸凌的新生，到两个瑞典研究生在斯坦福大学举报了一起涉嫌性侵犯的案件。还有在企业界的一个例子中，两名员工［艾丽卡·张（Erika Cheung）和泰勒·舒尔茨（Tyler Shultz）］披露了她们所知道的血液检测公司 Theranos[1] 的欺诈行为，尽管她们知道这将对她们的个人和职业产生严重影响。道德勇气的一个关键是找到一个可以分担你的愤怒并愿意给予你支持的朋友。

斯坦福大学的社会学家道格·麦卡达姆（Doug McAdam）发现，预测个体是否可以挑战主流社会规范的最佳指标是个体是否有同伴的支持，这预示着个体不必独自进行挑战。早在 1960 年就发生过四名黑人大学生在北卡罗来纳州格林斯博罗的伍尔沃斯快餐店静坐示威的

---

1 Theranos 是一家美国硅谷创业公司，主要从事血液检测。2003 年成立，2018 年正式解散，创始人被美国司法部指控欺诈。——译者注

事件。他们是好朋友兼室友，其中三人曾就读于同一所高中，他们之间的友谊帮助他们战胜了在这起事件中所面临的挑战——从嘲弄到种族主义诽谤，再到暴力威胁。

这些例子与研究相吻合。研究表明，如果你不是一个人的话，抵抗社会压力对你来说就要容易得多。在所罗门·阿希进行的判断线条长度的研究中，预测参与者是否会对小组给出的错误答案做出不遵从的判断的最重要因素，实际上就是另一个违抗小组观点的人是否存在。而在米尔格拉姆研究中，参与者被命令进行电击，如果另一个假定的参与者率先拒绝施加电击，那么大多数人也都会停止电击。对于我们这些天生不是道德先锋的人来说，找到一个站在我们一边的志同道合的朋友，将是我们展现道德勇气的重要一步。

社会规范的转变

在前面的章节中，我们强调了对我们大多数人来说，挑战我们所认为的群体规范是多么困难，不管这个群体是由我们的朋友、兄弟还是同事组成的。但是，同样提到了两个策略可以帮助人们从沉默的旁观者转变为积极的帮助者：改变规范，以及让人们意识到他们对规范的看法可能实际上是错误的。

当人们进入一个新的环境，比如一所新的中学、大学或工作场所时，并不知道现存的规范如何。这就给我们创造了机会，可以借此塑造这些新人的信念，鼓励他们直言不讳。高中或大学里的那些同龄人领袖可以讲述旁观者行动所带来的价值，而工作场所的领导则可以强调工作场所的文化注重的是就不良行为进行干预而不是无所作为。欧文·斯陶博的研究为新奥尔良警察局目前使用的 EPIC 项目奠定了基础，他说："你需要转变思维方式，这样（警察）就能意识到，如果他们作为旁观者保持被动，他们就要对同事的所作所为负责"；"你必须以一种不破坏他们对彼此忠诚的方式去做，主要是要改变他们所理解的忠诚的含义——停止过度的暴力，而不是把它藏在缄默法则的后面"。

改变规范实际上确实可以带来行为的改变。在一项开创性的研究中，研究人员对展示给酒店客人的不同类型的鼓励他们重复使用毛巾的信息进行了比较，这些信息都表达了一个意思，即重复使用毛巾有助于节约能源。在一种情景中，酒店客人收到了很标准的环保提示："帮助拯救环境：您可以通过在入住期间重复使用毛巾来表达对自然的尊重并帮助保护环境。"其他客人也收到了类似的信息，但有略微不同："加入其他客人的行列，与他们一起帮助拯救环境：几乎 75% 被邀请参加我们新的资源节约计划的客人都选择重复使用他们的毛巾来帮助我们，您也可以在入住期间重复使用毛巾，与其他客人一起帮助保护环境。"

第二条信息显然更加有效。大约 38% 收到第一条信息的人重复使用了他们的毛巾，但是对于那些收到第二条信息的人来说，这个比例增加到了 48%，这表明了解别人在做什么有助于改变人们的行为。如果我们认为我们小组的大多数成员（在这种情况下是酒店客人）都在从事某种行为，那么我们中的许多人就会认为我们自己也应该这样做。

简单地告知人们他们所属的社会群体中存在的实际规范也能促使人们改变他们的行为。艾伦·格伯（Alan Gerber）和他在耶鲁大学的同事进行的一项研究表明，让人们了解关于投票的社会规范会使得选民投票率大幅上升——比简单地告诉人们投票是一项公民义务带来的上升幅度要大得多。在一项研究中，密歇根的8万个家庭收到了鼓励他们投票的四封邮件中的一封，一封邮件提醒他们投票是一项公民义务，另一封邮件告诉他们，研究人员正在利用公共记录研究他们的投票参与情况，第三封邮件列出了他们家庭中的选民参与情况，第四封邮件列出了他们的家庭和邻居中的选民参与情况。结果表明，第四封邮件中给出的信息是迄今为止最有效的：与那些没有收到邮件的人相比，它带来了8.1%的投票率增长。相比之下，最没有效果的信息——投票是一项公民义务——只增加了1.8%的投票率。较低水平的社会压力——本研究中出现的，仅教育人们了解他们社区的实际投票率——本就是提高公民参与度的有效途径。

当人们对现有社会规范持有实际上是错误的看法时，让人们了解这些规范就显得尤为重要了。正如我们在第三章中看到的那样，人们经常误解别人的想法和感受，因为他们依赖于人们在公共场合表达的东西，但这可能与他们的个人信仰并不一致。这可能会导致这样一种情况，即每个人私下都对正在发生的事情感到困扰，但是没有人站出来把困扰说出来，因为他们（错误地）认为其他人并没有分担他们的担忧。纠正这些误解，理解创造和维持这些误解的心理因素，可以在很大程度上改变人们的行为，而纠正那些被误解的规范则可以帮助人们对抗霸凌者、减少饮酒量、干预性侵犯案件，并在工作场所就攻击性的言论提出质疑。

文化的改变

如果我们中有足够多的人选择成为道德先锋，我们就可以在文化中注入更多的勇气和行动，而不是沉默和无所作为。

宾夕法尼亚大学的达蒙·森托拉（Damon Centola）最近所做的研究表明，大规模的社会变革其实并不需要大多数人的支持。事实上，如果一个群体中有大约 25% 的人表明立场，这就足以创造一个临界点，可以相对快速地建立一个新的规范。也就是说，虽然直言不讳的人只是一小部分，但他们已经足以改变社会的期望，无论是把空瓶进行回收而不是扔进垃圾桶，还是出去投票而不是待在家里，都囊括其中。

也许创造一种当我们听到冒犯性的言语、目睹不正当的性行为，或者看到工作场所的欺诈行为时会有所行动的文化并不需要付出像我们想象中的那么多努力。在《变化是如何发生的》（*How Change Happens*）一书中，法律学者卡斯·桑斯坦（Cass Sunstein）围绕将我们推向沉默和无所作为的社会规范有时会崩溃，并导致亟须的社会变革的问题进行了讨论，从其讨论中我们意识到，有时候变革可能只需要一个声音——一个给别人勇气去直言不讳的声音。

做出简单的选择对我们极具诱惑力——从另一个角度看问题，并假设其他人肯定会有所作为，但我们必须承担做出这一选择的后果，特别是当我们认识到自己本可以有所作为，却选择了不作为时。正如约翰·斯坦贝克（John Steinbeck）在《伊甸之东》（*East of Eden*）中所写的那样："人类陷入了善与恶的网中——在他们的生活中，在他们的思想中，在他们的饥饿和野心中，在他们的贪婪和残忍中，在他们的善良和慷慨中……一个人在拂去生活中的尘埃和碎片后，只会留下难以回答的问题：它是善良的还是邪恶的？我又做得好还是不好呢？"

我希望你能在生活中使用你在这本书中学到的策略，这样的话，当你问自己这些问题的时候，你一定会为答案感到自豪。

致　谢

首先，我要感谢我的代理人柔伊·帕纳明塔（Zoë Pagnamenta）。感谢她从一开始就对我的想法展现出强烈的兴趣，以及在指导我做本书提案时所做的巨大努力。我花了一个下午的时间给几个代理人发了询问的邮件，几个小时后，也就是午夜刚过不久，我就收到了她表示感兴趣的回复。第二天早上，我告诉我丈夫，在深夜阅读和回复电子邮件的代理人就是我想要的那种代理人。事实证明，这种最初的直觉是对的。我要感谢柔伊的整个团队，包括：艾莉森·刘易斯（Alison Lewis），感谢他的各种支持；萨拉·维塔莱（Sara Vitale）和杰斯·霍尔（Jess Hoare），他们帮我搞定了翻译权和费用相关的事情；当然，还有柯尔斯滕·沃尔夫（Kirsten Wolf）。

我也非常感谢我的编辑乔伊·德·梅尼尔（Joy de Menil）为了打造这本书在多个方向上所做的巨大努力。记得在我们的第一次谈话中，我告诉乔伊，在为普通读者写一本书这个层面，其实"我并不知道自己在做什么"。我非常感激她当时并没有相信我说的鬼话，也非常感激她花时间为好几版草稿提供了一些经过深思熟虑的反馈，鼓励我分享自己的解释和想法，并帮助我摒弃学术术语。同时，我也非常感谢在哈佛大学出版社工作的其他人的帮助，包括乔伊·邓（Joy Deng）、桑娅·邦切克（Sonya Bonczek），以及设计封面的格拉谢拉·加卢普（Graciela Galup）和煞费苦心抄写手稿的路易斯·罗宾斯（Louise Robbins）。我同样很高兴与哈珀柯林斯英国公司的众多员工共事，包括奥利维亚·马斯登（Olivia Marsden，市场营销）、杰克·史密斯（Jack Smyth，封面设计）、海伦·厄普顿（Helen Upton，公共关系）和乔·汤普森（Jo Thompson，普遍支持和热情）。另外，还要特别感谢阿拉贝拉·派克（Arabella Pike）对这个项目各个阶段的关注和对英国市场的审慎思考。

　　许多人为这本书的面市做出了贡献。感谢奥斯汀·萨拉特（Austin Sarat）组织的图书提案研讨会，并得到了阿默斯特学院系主任办公室的资助，这让我开始着手写这本书。同时，也感谢塞西莉亚·坎塞罗（Cecelia Cancellaro），她是第一个告诉我这些想法和观点可以汇聚成一本书的人，这对我最初的想法提供了很大的帮助。感谢我的同事马特·舒尔金德（Matt Schulkind）和阿默斯特学院的萨拉·特金（Sarah Turgeon），还有马萨诸塞大学阿默斯特分校的罗斯·考威尔（Rose Cowell），他们帮我回答了关于神经科学技术和神经解剖学的问题。特别是宾夕法尼亚大学的史蒂夫·汤姆普森（Steve Tompson），他对手稿的初稿给出了详细的反馈。还要特别感谢马萨诸塞大学阿默斯特分校的欧文·斯陶博（Ervin Staub）提供的透彻且深思熟虑的评论，他将个人经验和专业知识结合起来理解旁观者效应。我还要感谢许多朋友、同事和学生，他们在晚宴、午餐和办公时间听我不停地谈论这些想法，并在许多场合提出了有益的研究建议和现实中的例子。最后，我要感谢我的丈夫巴特·霍兰德（Bart Hollander），感谢他抱持着坚定的信任陪我"走过"这个项目的起落，并且把不要去触碰"进展如何？"这个话题的时间点牢记于心，另外还要接受我们的假期经常是以陪我坐在咖啡店里疯狂写作的形式度过的。